科技·启智

小学生C++编程课堂

（新手篇）

邱永忠 / 著

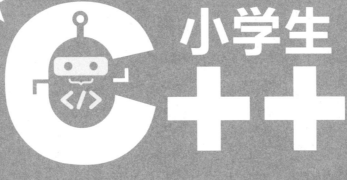

電子工業出版社
Publishing House of Electronics Industry
北京·BEIJING

图书在版编目（CIP）数据

小学生C++编程课堂. 新手篇 / 邱永忠著. —北京：电子工业出版社，2023.9
（科技启智）
ISBN 978-7-121-46302-0

Ⅰ. ①小… Ⅱ. ①邱… Ⅲ. ①C++语言－程序设计－少儿读物 Ⅳ. ①TP312.8

中国国家版本馆CIP数据核字（2023）第172970号

责任编辑：毕军志　　文字编辑：宋昕晔
印　　刷：涿州市京南印刷厂
装　　订：涿州市京南印刷厂
出版发行：电子工业出版社
北京市海淀区万寿路173信箱　　邮编：100036
开　　本：880×1230　1/20　印张：20　字数：480千字
版　　次：2023年9月第1版
印　　次：2023年9月第1次印刷
定　　价：88.00元

凡所购买电子工业出版社图书有缺损问题，请向购买书店调换。若书店售缺，请与本社发行部联系，联系及邮购电话：（010）88254888，88258888。

质量投诉请发邮件至 zlts@phei.com.cn，盗版侵权举报请发邮件至dbqq@phei.com.cn。

本书咨询联系方式：（010）88254416。

前　言

计算机只能识别由二进制编码组成的机器语言，所有编程语言的源代码都要“翻译”为机器码才能被计算机识别并执行相应的代码指令。按翻译的过程不同，编程语言可以分为解释型语言和编译型语言两种。

➢ 解释型语言，逐条翻译并执行源代码，例如，Python，Scratch 等。

➢ 编译型语言，先将源代码完全“翻译”处理后转换为机器码，计算机执行机器码指令，例如，C，C++，Java 等。

作为信息学奥赛的主力编程语言，C++ 成为越来越多孩子学习编程的目标。C++ 是一种编译型语言，其程序设计过程包括编写源代码、编译、链接和运行。这些过程全部可以在一个叫 IDE（Integrated Development Environment，集成开发环境）的应用程序里执行，就像在一个 Shopping Mall 里购物，购物之余的餐饮、娱乐都可以在这里解决。

在 C++ 这个大的 Shopping Mall 里，你可以输出圣诞树图形、设计扫雷游戏、解决各种数学问题。编程与数学巧妙结合，是本书最大的亮点。编程的核心是算法，算法的核心是数学。数学是基础学科，有扎实的数学基础可以帮助孩子理解编程中的逻辑，而学习编程能够帮助孩子开发思维，学习知识、掌握技能。

同学们，快来学习 C++，走上编程之路吧！

邱永忠

目　录

第三章　循环结构　/ 119

第一章　顺序结构

顺序结构的程序设计只要按照解决问题的顺序写出相应的语句即可，它的执行顺序是自上而下，依次执行的。

例如，有两个变量——a 和 b，a=3，b=5，现交换变量 a，b 的值，这个问题就好像交换两个杯子里的水，必须用到第三个杯子，假如第三个杯子是变量 t，那么正确的代码程序为：`t=a；a=b；b=t；`执行结果为：`a=5，b=3`。如果改变代码顺序，写成：`a=b；c=a；b=c；`则执行结果就变成 `a=5，b=5`，不能达到预期的目的，初学者最容易犯这种错误。

独立使用顺序结构可以构成一个简单的完整程序，常见的输入、计算、输出三步曲的程序就是顺序结构，例如，计算圆的面积，其程序的语句顺序就是输入圆的半径 r，计算 $S = 3.14159 \times r \times r$，输出圆的面积 S。

第一课
第一个 C++ 程序

学习内容

- ✧ 安装和使用 Dev C++
- ✧ 认识 C++ 程序的基本结构
- ✧ 使用 cout 输出
- ✧ 使用 endl 换行

一、Dev C++ 的安装和使用

1. 安装 Dev C++

（1）扫描使用说明中的二维码，下载压缩包，压缩包中提供了两个 Dev-Cpp 程序的安装文件，本书以如图 1-1 所示的软件版本为例，介绍安装步骤。

（2）在弹出的 Installer Language 提示框中选择安装程序语言为 English，单击 OK 按钮，如图 1-2 所示。

（3）在弹出的 License Agreement 提示框中单击 I Agree 按钮，签署许可协议，如图 1-3 所示。

图 1-1　安装 Dev C++

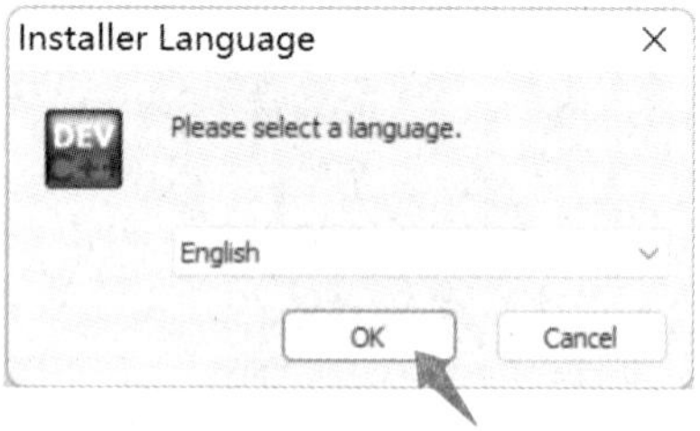

图 1-2　选择程序语言

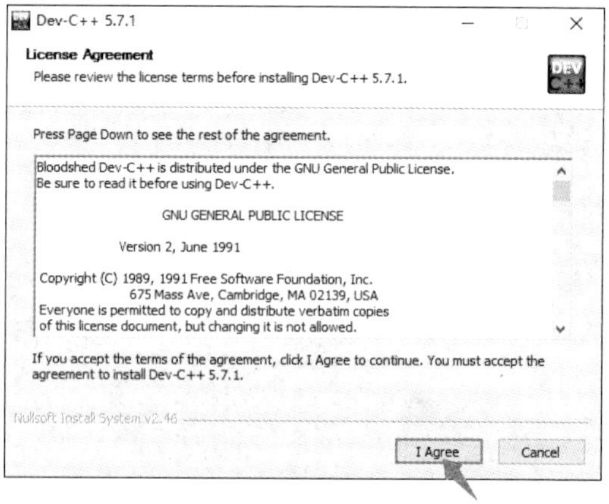

图 1-3　签署许可协议

（4）在弹出的 Choose Components 提示框中选择要安装的程序，这里选择默认设置即可，单击 Next 按钮，如图 1-4 所示。

（5）在弹出的 Choose Install Location 提示框中选择安装路径，这里选择默认设置即可，单击 Install 按钮，如图 1-5 所示。

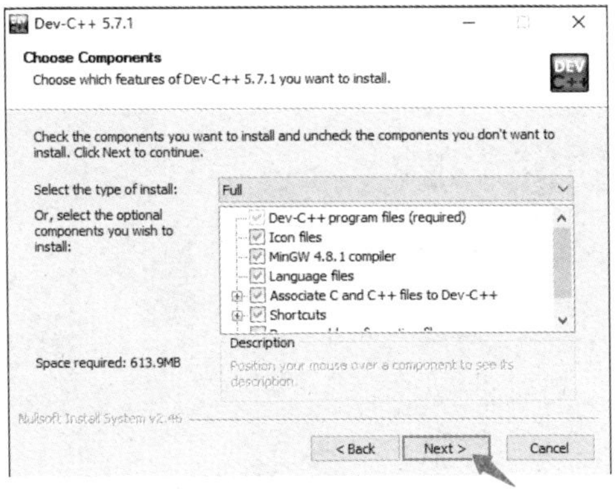

图 1-4　选择要安装的程序

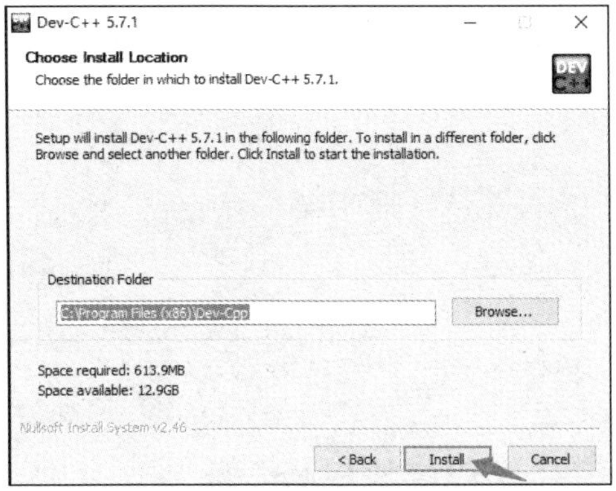

图 1-5　选择安装路径

（6）在弹出的提示框中单击 Finish 按钮，结束 Dev C++ 程序的安装，如图 1-6 所示。

2. 设置 Dev C++ 的语言和字体

（1）第一次启动程序时会弹出如图 1-7 所示的界面，在 Select your language 选项框中选择简体中文 /Chinese，单击 Next 按钮完成语言设置。

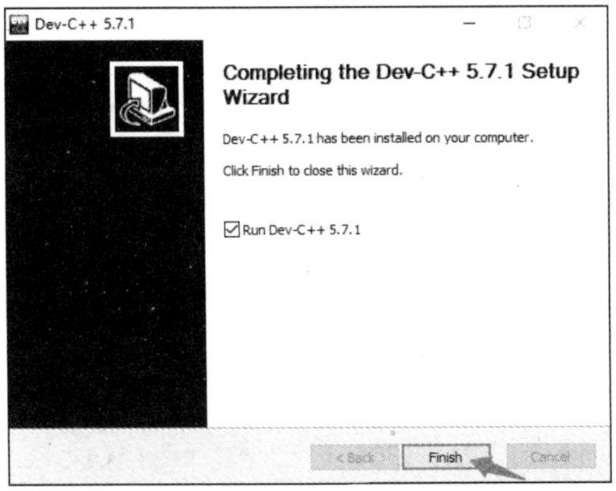

图 1-6　完成程序安装

图 1-7　设置 Dev C++ 的语言

（2）程序的字体建议设置为 Courier New，单击 Next 按钮完成字体设置，如图 1-8 所示。

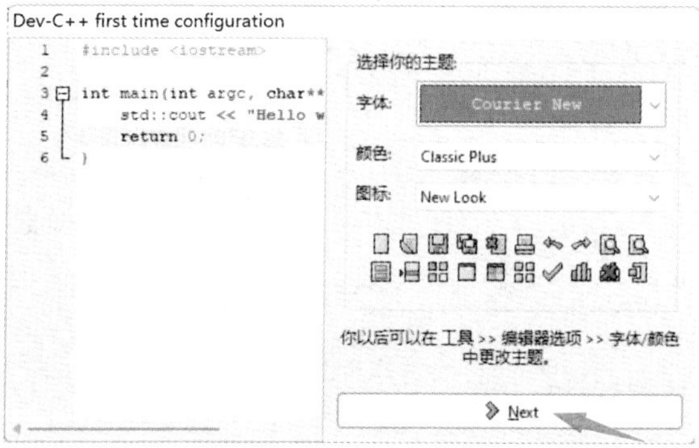

图 1-8　设置 Dev C++ 的字体

二、C++ 程序的基本结构

1. 设计一个 C++ 程序

（1）创建一个空的“.cpp”文件：新建一个文件夹命名为 C++ 代码，在文件夹中单击鼠标右键，选择新建文本文档，如图 1-9 所示，会生成一个“.txt”文件。将这个文件重命名为 hello.cpp，如图 1-10 所示，可以看到这个文件已经与 Dev C++ 关联起来了。

图 1-9　新建一个文本文档

图 1-10　改名为 hello.cpp

注意

设置文件名称显示扩展名，才可以将文件的扩展名从“.txt”改为“.cpp”。

（2）双击 hello.cpp 文件，在计算机中找到如图 1-11 所示的 Dev C++ 程序，双击程序的图标打开这个文件。

（3）进入 Dev C++ 的编辑界面后，按如图 1-12 所示输入 hello.cpp 的源代码。

图 1-11　打开“hello.cpp”文件

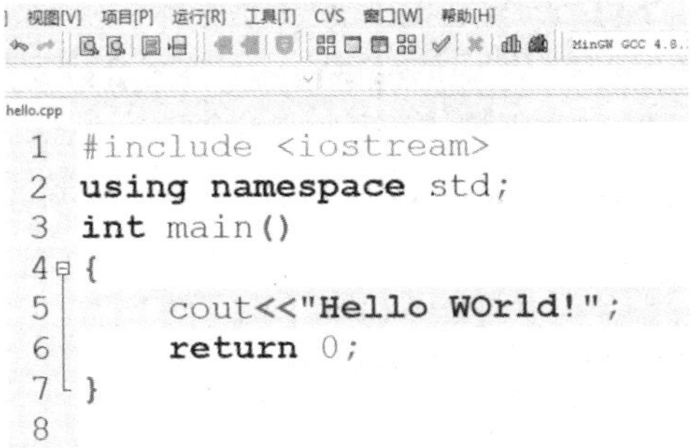

图 1-12　“hello.cpp”的源代码

（4）单击如图 1-13 所示的按钮（或单击键盘上的 F11 键），可以快速地一键保存、编译和运行程序。单击  按钮后，会弹出如图 1-14 所示的执行窗口，可以看到 Hello World! 显示在窗口左上方，程序执行完毕。

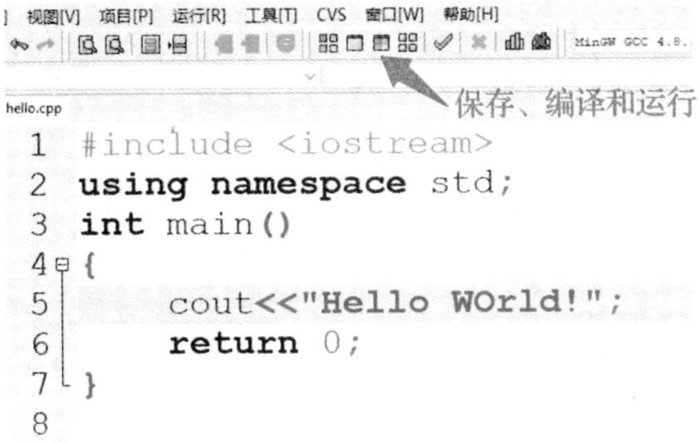

图 1-13　一键保存、编译和运行程序

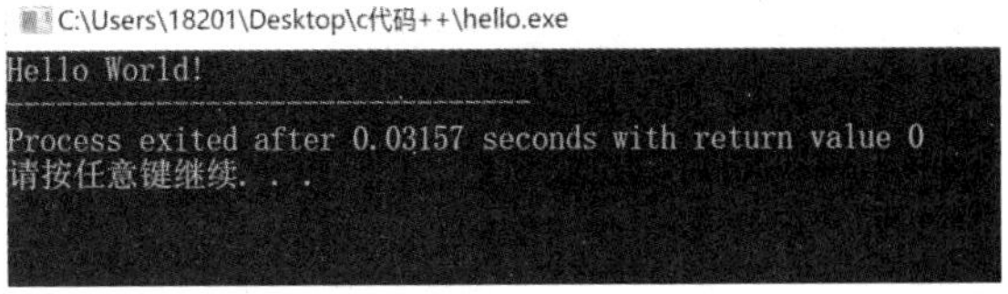

图 1-14　Hello World! 的执行窗口

（5）在代码文件 hello.cpp 所在的文件夹中，出现了一个名为 hello.exe 的新文件，这就是编译生成的可执行文件（机器码）。

2. 程序结构

（1）#include <iostream>　　包含 C++ 的标准输入 / 输出头文件 iostream。

注意

在 iostream 中，io 表示输入 / 输出（input/output）；stream 是“流”的意思。iostream 支持的输入 / 输出是用“流”的方式实现的。

（2）using namespace std;　　C++ 标准程序库中的所有标识符都被定义到一个名为 std 的 namespace 中。

（3）int main()　　主函数，C++ 有且只有一个主函数，必须命名为 main，后面的花括号里的内容是函数体。

（4）cout<<"Hello world!";　　cout 是输出语句，用“<<”连接输出的内容；“Hello World!”是要输出的内容，是一个字符串。当双引号里的内容变化时，输出的内容也会随之变化，例如，"ABC"，"123" 等。

注意

输出的字符串必须用双引号 "" 括起来。

（5）return 0;　　主函数的最后一条指令，是固定语句。

3. 编写程序框架

编写一个程序时，应该先写好框架，然后在 return 0; 前插入自己编写的代码，如图 1-15 所示。

```
#include <iostream>
using namespace std;
int main()
{

        return 0;
}
```

在这里编写自己的代码

图 1-15　在 return 0; 前插入编写的代码

Tips

（1）C++ 的语句是以分号结尾的，所以下面这些语句都要加上分号表示语句结束，否则编译会判错。

```
using namespace std;
cout<<"Hello World!";
return 0;
```

注意

头文件 #include <iostream>、函数 int main()、函数体的花括号 {} 的后边不能加分号。

（2）C++ 的编写格式比较自由，甚至可以把所有语句放在一行，但为了方便阅读，还是尽量将每条语句单独成行。

注意

花括号内的语句要缩进，默认缩进四个字符的位置。

例 1.1 输出一个星号三角形

题目描述 在屏幕上输出如图 1-16 所示的星号三角形。

图 1-16 星号三角形

程序代码

```
#include <iostream>
using namespace std;
int main()
{
    cout<<"  *"<<endl;
    cout<<" ***"<<endl;
    cout<<"*****"<<endl;
    return 0;
}
```

cout 语句用两组“<<”将两个不同的部分连接起来。cout 语句输出的内容会紧靠输出窗口的左边输出，所以要在星号前加空格。空格也是个字符，虽然不显示，但会占位置，一个空格表示一个位置。后面的 endl 表示换行。

注意

要用两组“<<”才能将两个不同的部分连接起来，写成下面的语句形式是错误的。

```
cout<<"  *"endl;
```

作业 1 输出一棵圣诞树

题目描述 在屏幕上输出一棵如图 1-17 所示的圣诞树。

参考代码

```
#include <iostream>
using namespace std;
int main()
{
    cout<<"   *"<<endl;
    cout<<"  ***"<<endl;
    cout<<" *****"<<endl;
    cout<<"   *"<<endl;
    cout<<"  ***"<<endl;
    cout<<" *****"<<endl;
    cout<<"*******"<<endl;
    cout<<"   *"<<endl;
    cout<<"   *"<<endl;
    cout<<"   *"<<endl;
    return 0;
}
```

图 1-17 圣诞树

第二课
常量、变量和赋值

学习内容

✧ 了解常量、变量的常见类型
✧ 学习赋值语句的格式
✧ 熟悉标识符的命名规则

语　法

一、常量

在程序运行的过程中，其值不能被改变的量叫作常量。

➢ 整型常量，例如，25，-1，2000。

➢ 浮点型常量，例如，3.14，5.0，-12.5。

➢ 字符型常量，例如，'A'，'b'，'0'，'*'。

➢ 字符串常量，例如，"Hello"，"123"，"N"。

浮点型常量也叫浮点数，即数学中的小数或实数。

2 和 2.0 在数值上是一样大的，只是保留的小数位数不同，但在 C++ 中它们是不同的类型：2 是整型常量；2.0 是浮点型常量。如果这个数写成整数形式，编译器会自动将其作为整型常量处理；如果这个数写成小数形式，编译器会自动将其作为浮点型常量处理。

如果一个字符放在单引号中，叫作字符型常量。如果零个、单个或多个字符组成的字符串放在双引号中，叫作字符串常量。例如，'ABC' 这样的格式就是错误的，因为单引号表示字符常量，里面只能有一个字符，"ABC" 则是字符串。"A" 是正确的，表示这个字符串的长度为 1。"" 也是一个字符串，其长度为零，也就是空串。

二、变量

在程序运行过程中，其值可以改变的量叫作变量。

变量就像一个装东西的盒子，是用来存储数据的。如果有多个物品要存放，我们可以找多个盒子，并给这些盒子起不同的名字以示区分。这些盒子也会有不同的类型，例如，方的、长的、圆的、扁的，用来存放不同类型的物品。变量也是这样，有多种不同的类型。

变量必须先定义，后使用。定义的内容包括变量的名称和指定的类型，其格式及示例代码如下。

格式：类型名　变量名；

示例：
```
int a;          // 定义一个整型变量 a
int a,b,c;      // 同时定义多个相同类型的变量，可以用逗号隔开
```

1. 变量名的命名规则

变量名、数组名、函数名等，都称为“标识符”。

（1）变量名只能由大小写字母、数字或下画线“_”组成。例如，将变量命名为 a，MM，sum，x1，count_2，_tot，都是对的。变量命名不能包含非指定的字符“#”“$”“*”等。例如，将变量命名为 na# 是错的。

（2）变量名首字符不能是数字。例如，将变量命名为 3ab 是错误的。

（3）变量名不能是关键字。例如，将变量命名为 int 是错误的。

注意

关键字是 C++ 预先保留的标识符，已经有了特殊的含义，例如，前面用过的 int，return 等，C++ 的关键字参见附录 D。

2. 变量的类型

定义变量时，首先要确定它们的名称，然后确定变量的类型。常用的数据类型如表 1-1 所示。

对于整型变量，例如，int 的数值范围可以巧记为 $\pm 10^9$，long long 的数值范围可以巧记为 $\pm 10^{18}$。整数还可以在类型前加上修饰符 unsigned（无符号）来定义，此时变量的取值范围只有 0 和正数，正数部分范围扩大一倍，例如，unsigned int，其数值范围在 0 ～ 4294967295（$0 \sim 2^{32}-1$），unsigned long long 的数值范围在 $0 \sim 2^{64}-1$。对于浮点型变量，在编辑程序时

可默认使用精度更高的 double 型。

表 1-1　常用的数据类型

数据类型	定义标识符	数值范围
整型	int	-2147483648 ~ 2147483647
超长整型	long long	-9223372036854775808 ~ 9223372036854775807
单精度浮点型	float	-3.4×10^{38} ~ 3.4×10^{38}
双精度浮点型	double	-1.7×10^{308} ~ 1.7×10^{308}
字符型	char	-128 ~ 127
布尔型	bool	0 或 1

3. 变量的初始化

定义变量的同时，也可以对变量进行初始化，下面是定义变量的示例及含义。

```
int a,cnt=0;        // 定义整型变量 a 和 cnt，并将 cnt 的初始值设为 0
long long s_1;      // 定义超长整型变量 s_1
char c='S';         // 定义字符型变量 c，并将 c 的初始值设为字符 'S'
double d2;          // 定义双精度浮点型变量 d2
```

4. 赋值语句

赋值是 C++ 语言最基本的语句，“=”为赋值运算符，为叙述方便我们称赋值运算符“=”的左侧为“左值”，右侧为“右值”，规定左值只能是变量，右值可以是常量、变量或表达式。赋值语句的格式及示例代码如下。

格式：变量名 = 表达式；

```
示例：int a;             // 定义一个整型变量 a
     a=2;               // 将 a 赋值为 2
```

正确的赋值方式：a=b;　　　// 右值是变量

　　　　　　　　a=3+5;　　// 右值是表达式

错误的赋值方式：2=a;　　　// 左值不是变量

　　　　　　　　3+5=a;　　// 左值不是变量

例 2.1 加减运算

输出： 46

-22

程序代码

```
#include <iostream>
using namespace std;
int main()
{
    int a,b;
    a=12;
    b=34;
    cout<<a+b<<endl;
    cout<<a-b<<endl;
    return 0;
}
```

定义两个整型变量 a，b

用赋值语句将 a 赋值为 12

用赋值语句将 b 赋值为 34

输出 a+b 的值并换行

输出 a-b 的值并换行

例 2.2 计算足球场的周长和面积

题目描述　某小学有一个长方形的足球场，长为 40 米，宽为 28 米，请计算球场的周长和面积。

输出： 周长 =136 米
面积 =1120 平方米

程序代码

```
#include <iostream>
using namespace std;
int main()
{
    int a,b,c,s;
    a=40;
    b=28;
    c=(a+b)*2;
    s=a*b;
    cout<<"周长 ="<<c<<"米"<<endl;
    cout<<"面积 ="<<s<<"平方米"<<endl;
    return 0;
}
```

- int a,b,c,s;：定义四个整型变量 a,b,c,s，分别存放足球场的长、宽、周长和面积
- a=40;：用赋值语句将变量 a 赋值为 40（长）
- b=28;：用赋值语句将变量 b 赋值为 28（宽）
- c=(a+b)*2;：根据公式计算出周长，赋值给变量 c
- s=a*b;：根据公式计算出面积，赋值给变量 s
- 两个 cout 语句：用 cout 语句，将字符串和变量连接起来输出

注意

使用 cout 输出多个数据时，要用 << 将它们分隔开。

作业 2 计算立方体的体积

题目描述 立方体的长（a）、宽（b）高（c）分别为 3.0 米，4.5 米，5.5 米，定义变量并使用赋值语句，输出立方体的体积。输出格式：体积 =x 立方米。

注意

定义变量的数据类型，对于浮点数，默认用 double 型定义。

输出： 体积 =74.25 立方米

参考代码

```
#include <iostream>
using namespace std;
int main()
{
    double a,b,c,v;
    a=3.0;
    b=4.5;
    c=5.5;
    v=a*b*c;
    cout<<" 体积 ="<<v<<" 立方米 "<<endl;
    return 0;
}
```

第三课
cin 语句

学习内容

- ✧ 使用 cin 语句读入数据
- ✧ 学习注释符的使用方法

语　法

一、cin 语句

1. 给变量赋值

（1）将常量赋值给变量，例如 a=1;。

（2）将不同的值赋值给变量，这些值可以通过键盘输入，就好比一个计算器，并不是只能计算固定的数，可以任意输入要计算的值。计算机程序的作用正是帮助我们计算输入不同数据后的结果。这就要用到 C++ 的数据输入语句——cin 语句，使用 cin 语句必须先设置支持这个功能的头文件，也就是程序开始的代码 #include <iostream>。

cin 语句的作用是将键盘输入的数据读进来放入指定的变量中，格式及示例代码如下。

格式：cin>> 变量名；

示例：cin>>a;　　　// 将从键盘输入的数据放入变量 a 中，并指定数据类型存放 a

2. 简单举例

```
#include <iostream>
using namespace std;
int main()
{
    int a;
    cin>>a;
    cout<<a;
    return 0;
}
```

注意

运行程序，在弹出的执行窗口的第一行输入 5，单击回车键，第二行输出结果 5，如图 1-18 所示。

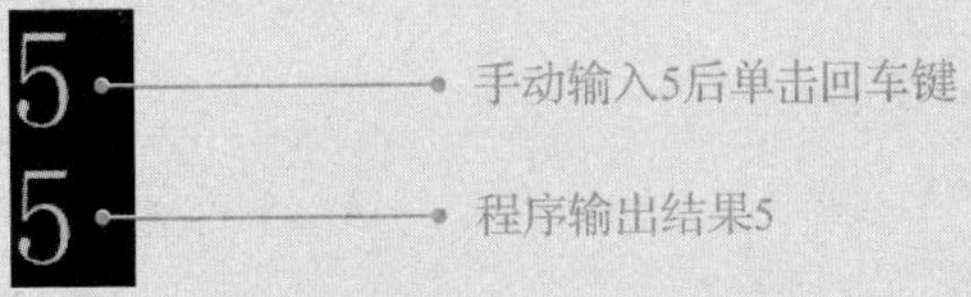

图 1-18　运行程序

这个程序定义了一个整型变量 a，用 cin 语句读入数据放入 a 后，用 cout 语句输出 a 的值。如果输入 5.25，可以发现输出还是 5，这是因为 a 已经被定义为整型，所以尽管输入了一个浮点数，程序还是会按整型存放数据，将小数部分砍掉。

如果有两个变量需要读入，例如，读入 a 和 b（这两个变量用空格或换行隔开），有两种表示形式。

用两条 cin 语句分开表示：

```
cin>>a;
cin>>b;
```

用一条 cin 语句连读表示：

```
cin>>a>>b;
```

例 3.1 计算两个整数的和

题目描述 从键盘读入两个整数 *a* 和 *b*，中间用空格隔开，计算这两个整数的和。

样例输入： 2 3

样例输出： 5

程序代码

```
#include <iostream>
using namespace std;
int main()
{
    int a,b;
    cin>>a>>b;
    cout<<a+b;
    return 0;
}
```

定义两个整型变量 a 和 b

读入两个整数，中间用空格隔开

输出 a+b 的值

注意

输入 2 后先单击空格键再输入 3，单击回车键，输出的结果会出现在第二行。

二、注释符

注释是对代码的解释和说明，可以增加代码的可读性，注释并不参与编译，所以无论注释的内容是英文或者中文都不会对程序产生影响。

注释符的类别：

➢ 行注释“//”：表示从“//”开始，后面一整行的内容都是注释内容，示例代码如下。

```
cin>>a>>b;  // 这里是注释内容
```

➢ 块注释“/* */”：表示在“/*”和“*/”之间都是注释内容，示例代码如下。

```
/*
  这里都是注释内容
*/
```

例 3.2 买文具

题目描述 花花去文具店买了一支笔和一块橡皮，已知笔 x 元/支，橡皮 y 元/块，花花付给了老板 n 元，请问老板应该找给花花多少钱？

输入： 输入三个整数 x，y，n（$n \geqslant x+y$），分别表示笔和橡皮的单价，以及花花付给老板多少元。

输出： 输出老板应找给花花多少元。

样例输入： 2 1 10

样例输出： 7

程序代码

```
#include <iostream>
using namespace std;
int main()
{
```

注意

在用 cin 读入数据时，一定要注意题目指定数据的个数和顺序，本例中只能读入三个数据，读入的顺序也必须是 x，y，n，不能颠倒。

```
    int x,y,n,ans;          //定义变量 x，y，n，ans，其中 ans 存放输出结果
    cin>>x>>y>>n;           //读入变量 x，y，n
    ans=n-x-y;              //计算老板应找给花花多少元，将得出的结果放入变量 ans 中
    cout<<ans;
    return 0;
}
```

作业 3 计算请假时间

题目描述 假设小明的妈妈向公司请了 *n* 天假，那么请问小明的妈妈共请假多少小时，多少分钟？（提示：每天有 24 小时，每小时有 60 分钟）

- **输入：** 输入一个整数 *n*，表示小明妈妈请假的天数。
- **输出：** 输出有两行：每行输出一个整数：第一行的整数表示小明妈妈请假的小时数；第二行的整数表示小明妈妈请假的分钟数。
- **样例输入：** 1
- **样例输出：** 24
  1440

参考代码

```
#include <iostream>
using namespace std;
int main()
{
    int n,h,m;
    cin>>n;
    h=n*24;
    m=h*60;
    cout<<h<<endl;
    cout<<m<<endl;
    return 0;
}
```

作业 4 计算长方形的周长和面积

题目描述　从键盘读入两个整数，分别表示长方形的长和宽，计算长方形的周长和面积。

输入： 输入两个整数，中间用空格隔开。

输出： 输出有两行：第一行表示周长；第二行表示面积。

样例输入： 2 3

样例输出： 10
6

参考代码

```
#include <iostream>
using namespace std;
int main()
{
    int a,b;
    cin>>a>>b;
    cout<<(a+b)*2<<endl;
    cout<<a*b<<endl;
    return 0;
}
```

第四课
算术和自增 / 自减运算符

学习内容

- ✧ 算术运算符 +，-，*，/，%
- ✧ 自增 / 自减运算符 ++，--

语　法

一、四则运算

C++ 的算术运算符包括“+”“-”“*”“/”，即数学中的加、减、乘、除。这几个运算符的优先级也与数学中的定义相同，即“*”“/”优先于“+”“-”。

例 4.1　计算 $\frac{a+b}{c}$

题目描述　从键盘读入三个整数 a，b，c，计算 $\frac{a+b}{c}$ 的值。

输入： 输入三个整数 a，b，c ($-10\,000<a<10\,000$，$-10\,000<b<10\,000$，$-10\,000<c<10\,000$，$c \neq 0$)，数与数之间用空格隔开。

输出： 输出 $\frac{a+b}{c}$ 的值。

编程思路　从题目描述已知 a，b，c 都是整数，且范围在 $\pm 10\,000$ 之间，所以定义为 int 类型。被除数和除数是整数，所以结果也必须是整数，如果被除数不能整除除数就“砍掉”小数部分，保留整数部分。例如，5/2 的结果不是 2.5，而是 2。

样例输入： 2 3 4

样例输出： 1

程序代码

```
#include <iostream>
using namespace std;

int main()
{
    int a,b,c;
    cin>>a>>b>>c;          // 读入三个整数 a，b，c
    cout<<(a+b)/c<<endl;   // 计算（a+b）/c 的值
    return 0;
}
```

Tips

在 C++ 中，“+”和“-”还可以作为单目运算符使用，称为“正号运算符”和“负号运算符”。所谓“单目运算符”，是指只有一个运算对象，这两个运算符的功能是对这个运算对象的正负号进行处理，示例如下。

- +a：变量 a 的正负号不变，如果 a 为 5，则 +a 还是 5；如果 a 为 -5，则 +a 仍是 -5。
- -a：将变量 a 的正负号取反，如果 a 为 5，则 -a 为 -5；如果 a 为 -5，则 -a 为 5。

二、求余运算符 %

“求余”，也称“取模”，其作用是得到整数除法运算的余数，求余运算也称取模运算。示例代码如下。

```
5%2        // 表示 5 除以 2 的余数，结果为 1
18%10      // 表示 18 除以 10 的余数，结果为 8
3%5        // 表示 3 除以 5 的余数，结果为 3
```

```
a%b            // 表示 a 除以 b 的余数
```

“%”的优先级与“*”和“/”相同。求余运算的应用非常多，例如，判断一个数是否为奇数或偶数、倍数、约数、素数，以及数位分离、进制转换等场景都会用到求余运算。

例 4.2 带余除法

题目描述 从键盘读入被除数和除数，求商和余数。

输入： 输入两个整数，依次为被除数和除数（除数≠0），中间用空格隔开。

输出： 输出商和余数，中间用空格隔开。

样例输入： 10 3

样例输出： 3 1

程序代码

```
#include <iostream>
using namespace std;
int main()
{
    int a,b;
    cin>>a>>b;
    cout<<a/b<<" "<<a%b;
    return 0;
}
```

int a,b; / cin>>a>>b; —— 定义两个整型变量 a 和 b 并用 cin 读入

cout<<a/b<<" "<<a%b; —— a/b 求得商，a%b 求得余数，并用空格分隔输出

注意

求余运算的两个运算对象必须都是整数。

三、自增/自减运算符

C++ 还有两个很常用的单目运算符：自增运算符和自减运算符，在 C++ 中它们也属于算术运算符，一般配合一个整型变量来使用。

➢ 自减运算符“--”：将变量自身的值减 1。

➢ 自增运算符“++”：将变量自身的值加 1。将变量 a 增加 1 有两种语法格式，如表 1-2 所示。C++ 的算术运算符如表 1-3 所示。

表 1-2　用自增运算符表示将变量 a 增加 1

语法格式	示　例	含　义
变量名 ++;	a++	先用后加
++ 变量名 ;	++a	先加后用

注：这里的“用”，可以是输出或赋值。

表 1-3　C++ 算术运算符

运 算 符	名　称	优 先 级
++	自增	较高
--	自减	
*	乘	中
/	除	
%	求余	
+	加	较低
-	减	

例 4.3　自增运算符语法练习

输出： 1

3

程序代码①

```
#include <iostream>
using namespace std;
int main()
{
    int a=1;
    cout<<a++<<endl;
    cout<<++a<<endl;
    return 0;
}
```

定义变量 a 并初始化为 1

a++ 先用后加，所以先输出 1，再将 a 的值 +1，变为 2

++a 先加后用，所以先计算 2+1，输出结果为 3

输出： 1

3

程序代码②

```
#include <iostream>
using namespace std;
int main()
{
    int a=1,b;
    b=a++;
    cout<<b<<endl;
    b=++a;
    cout<<b<<endl;
}
```

作业 5 米老鼠偷糖果

题目描述 米老鼠发现厨房里有 n 颗糖果，它一次可以运走 a 颗，请问米老鼠运了 x 次之后还剩多少颗？假设运了 x 次之后一定有糖果剩下。

输入： 输入三个整数 n，a，x，中间用空格隔开，表示一共有 n 颗糖果，米老鼠一次运走 a 颗糖果，共运了 x 次。

输出： 输出剩余糖果的数量。

样例输入： 12 2 3

样例输出： 6

参考代码

```
#include <iostream>
using namespace std;
int main()
{
    int n,a,x;
    cin>>n>>a>>x;
    cout<<n-a*x<<endl;
    return 0;
}
```

作业 6　分跳绳

题目描述　学校新买了 m 根跳绳，每个班分 n 根（$m \geqslant n$），最多可以分给几个班的同学，还剩多少根？

输入：输入两个整数 m 和 n，中间用空格隔开，表示一共采购了 m 根跳绳，每个班级能分到 n 根。

输出：输出两个整数，中间用空格隔开：第一个整数表示可以分到跳绳的班级数量；第二个整数表示剩余跳绳的数量。

样例输入：100 30

样例输出：3 10

参考代码

```
#include <iostream>
using namespace std;
int main()
{
    int m,n;
    cin>>m>>n;
    cout<<m/n<<" "<<m%n;
    return 0;
}
```

第五课
复合赋值运算符

学习内容

✧ 学习复合赋值运算符 +=，-=，*=，/=，%=

语 法

1. 复合赋值运算符

除基本赋值运算符“=”外，C++ 还提供了复合赋值运算符（又称复合运算符）。复合赋值运算符是赋值运算符与其他运算符组合成的一个新的运算符，它的功能是使语句更精练、清晰。常用的复合赋值运算符有 +=，-=，*=，/=，%=。

2. 复合赋值语句

使用复合赋值运算符的赋值语句称为复合赋值语句。例如，a+=1，这个语句的作用是将复合赋值运算符“+=”右侧的数值 1 与变量 a 相加后，再赋值给变量 a，等效于 a=a+1。

如果右值是一个变量或表达式，则先将右值整体计算完成后，再与变量 a 相加，最后赋值给变量 a。同理，-=，*=，/=，%= 都遵循同样的赋值原则。

```
a+=b*2-c;    // 等效于 a=a+(b*2-c);
a-=b;        // 等效于 a=a-b;
a*=b-2;      // 等效于 a=a*(b-2);
a/=2;        // 等效于 a=a/2;
a%=5;        // 等效于 a=a%5;
```

注意

复合赋值语句也是赋值语句，所以左值也必须是变量。

复合赋值运算符的优先级与基本赋值运算符“=”相同。

例 5.1 复合赋值运算符语法练习

输出： 5

2

10

3

1

程序代码

```
#include <iostream>
using namespace std;
int main()
{
    int a=3,b=2;
    a+=b;
    cout<<a<<endl;
    a-=b+1;
    cout<<a<<endl;
    a*=2+3;
    cout<<a<<endl;
    a/=3;
    cout<<a<<endl;
    a%=2;
    cout<<a<<endl;
    return 0;
}
```

- int a=3,b=2;：定义整型变量 a 和 b，设置 a 的初始值为 3，b 的初始值为 2
- a+=b;：等效于“a=a+b;”，a 的值变为 5
- a-=b+1;：等效于“a=a-(b+1);”，a 的值变为 2
- a*=2+3;：等效于“a=a*(2+3);”，a 的值变为 10
- a/=3;：等效于“a=a/3;”，a 的值变为 3（整数相除，商只保留整数部分）
- a%=2;：等效于“a=a%2;”，a 的值变为 1

例 5.2 分糖果

题目描述 某幼儿园里，有五个小朋友编号为 1，2，3，4，5，他们按自己的编号顺序围坐在一张圆桌旁。五个小朋友身上都有若干颗糖果，现在他们做一个分糖果游戏。从 1 号小朋友开始，他把自己的糖果均分成三份给自己和两侧的小朋友（如果有多余的，则他将多余的糖果吃掉）。接着 2 号、3 号、4 号、5 号小朋友也这样做。问分完一轮后，每个小朋友还剩多少颗糖果？

输入： 输入五个整数 *a*，*b*，*c*，*d*，*e*，中间用空格隔开。

输出： 输出五个整数，表示五个小朋友的剩余糖果数，中间用空格隔开。

样例输入： 1 2 3 4 5

样例输出： 2 1 2 3 2

编程思路

（1）定义整型变量 a，b，c，d，e，分别表示五个小朋友的初始糖果数。

（2）小朋友们围成一圈，所以 a 的两侧是 b 和 e，b 的两侧是 c 和 a，以此类推。

（3）a 将自己糖果的 $\frac{1}{3}$ 分给 b，b 的糖果数可以用“`b+=a/3;`”表示，a 自己保留 $\frac{1}{3}$，a 的糖果数可以用“`a/=3;`”表示。整数相除，商只保留整数部分。按顺序依次模拟五个小朋友的操作过程后，输出变量 a，b，c，d，e 的值即可。

程序代码

```
#include <iostream>
using namespace std;
int main()
{
    int a,b,c,d,e;
```

```
    cin>>a>>b>>c>>d>>e;
    b+=a/3;e+=a/3;a/=3;
    c+=b/3;a+=b/3;b/=3;
    d+=c/3;b+=c/3;c/=3;
    e+=d/3;c+=d/3;d/=3;
    a+=e/3;d+=e/3;e/=3;
    cout<<a<<" "<<b<<" "<<c<<" "<<d<<" "<<e;
    return 0;
}
```

- cin>>a>>b>>c>>d>>e;：读入五个小朋友的初始糖果数
- b+=a/3;e+=a/3;a/=3;：1 号小朋友把糖果均分给自己和两侧的 b 和 e
- c+=b/3;a+=b/3;b/=3;：2 号小朋友的操作
- d+=c/3;b+=c/3;c/=3;：3 号小朋友的操作
- e+=d/3;c+=d/3;d/=3;：4 号小朋友的操作
- a+=e/3;d+=e/3;e/=3;：5 号小朋友的操作
- cout<<a<<" "<<b<<" "<<c<<" "<<d<<" "<<e;：输出最终结果

作业 7　计算时钟旋转的度数

题目描述　时钟转了一圈，时针从 m 时走到 n 时旋转了多少度？（$m \leqslant n$，且 m 和 n 都是 1 ~ 12 之间的整数）

输入：输入两个整数 m 和 n，分别表示时针的初始时间和截止时间。

输出：输出时针旋转的度数。

样例输入：1 4

样例输出：90

参考代码

```
#include <iostream>
using namespace std;
int main()
{
    int m,n,t;
    cin>>m>>n;
    t=n-m;
    t*=30;
    cout<<t;
    return 0;
}
```

作业 8 小明有多少朵小红花

题目描述

小明开始手里有 n 朵小红花（$n \leqslant 10$），第一周又得了 5 朵小红花，第二周手里的小红花的数量翻倍，请问现在小明一共有多少朵小红花？

输入： 输入一个正整数 n。

输出： 输出两周后小明手里小红花的数量。

样例输入： 3

样例输出： 16

参考代码

```
#include <iostream>
using namespace std;
int main()
{
    int n;
    cin>>n;
    n+=5;
    n*=2;
    cout<<n;
    return 0;
}
```

第六课 浮点数的类型和输出格式

学习内容

- ✧ 浮点数的类型 float 和 double
- ✧ 输出浮点数时保留小数位数的方法

语 法

一、float 和 double

常用的浮点数有两种类型：单精度浮点型 float 和双精度浮点型 double。float 型和 double 型能表示的数据范围很大，float 型的精度为 6 ～ 7 位，double 型的精度为 15 ～ 16 位。精度即能存储的有效位数，所以遇到浮点数时，默认使用 double 型来定义。

二、保留指定的小数位数

在算法竞赛中，通常要求输出浮点数时保留指定的小数位数，这是因为在评判输出数据时，会逐个比对字符，所以要严格区分字母的大小写、标点符号、空格与换行，但不比对最后的空格或换行。浮点数的小数点后的位数可能不同，只有统一格式才能正确比对。

输出指定小数位数的代码：cout<<fixed<<setprecision(n)<< 数值 ;
其中，n 表示四舍五入后的小数位数；数值表示要输出的数，可以是浮点型变量或表达式。fixed<<setprecision(n) 必须出现在要输出的数值前面，先设置后输出，且只对浮点型数据有效，并遵循四舍五入的原则。

代码 cout<<fixed<<setprecision(2)<<a; 表示输出变量 a 的值，保留两位小数。使用这条语句时，要包含一个新的头文件 iomanip，即增加一条代码 #include <iomanip>。如果有多个数值要用相同的格式输出，只用设置一次，就可以将 a 和 b 的值都保留两位小数输出。例如，cout<<fixed<<setprecision(2)<<a<<" "<b;

例 6.1 输出浮点数

题目描述 从键盘读入一个双精度浮点数，保留两位小数，输出这个浮点数。

输入： 输入一个双精度浮点数。

输出： 输出保留两位小数的浮点数。

样例输入： 68.185

样例输出： 68.19

程序代码

```
#include <iostream>
#include <iomanip>                      // 输出小数位数要用到的头文件
using namespace std;
int main()
{
     double a;                          // 定义一个双精度浮点数 a
     cin>>a;
     cout<<fixed<<setprecision(2)<<a;   // 输出保留两位小数的数值
     return 0;
}
```

例 6.2 转换温度

题目描述 输入华氏温度 F，利用公式 $C=(F-32)\times5/9$（其中，C 表示摄氏温度（℃）；F 表示华氏温度（°F））进行计算转化，输出摄氏温度 C，结果保留五位小数。

输入： 输入一个实数 F，表示华氏温度。（$F \geqslant -459.67$ °F）

输出： 输出 F 对应的摄氏温度，结果保留五位小数。

样例输入： 80

样例输出： 26.66667

程序代码

```
#include <iostream>
#include <iomanip>
using namespace std;
int main()
{
    double C,F;
    cin>>F;
    C=(F-32)*5/9;
    cout<<fixed<<setprecision(5)<<C;
    return 0;
}
```

- double C,F;：定义两个双精度浮点数 C 和 F，分别表示摄氏温度和华氏温度
- cin>>F;：读入 F
- C=(F-32)*5/9;：计算 C
- cout<<fixed<<setprecision(5)<<C;：将 C 的值保留五位小数输出

作业 9　计算冷饮的应付金额

题目描述　花花到冷饮店买冷饮，已知雪糕 2.5 元 / 支，碎碎冰 1.5 元 / 支，花花买了 x 支雪糕和 y 支碎碎冰。老板说今天有优惠，可以有一支雪糕免费，请问花花应该付给老板多少钱？

输入： 输入两个整数 x 和 y，分别表示花花购买雪糕和碎碎冰的数量。

输出： 输出花花应付给老板的金额，结果保留一位小数。

样例输入： 3 5

样例输出： 12.5

参考代码

```
#include <iostream>
#include <iomanip>
using namespace std;
int main()
```

```
{
    int x,y;
    double a;
    cin>>x>>y;
    a=(x-1)*2.5+y*1.5;
    cout<<fixed<<setprecision(1)<<a;
    return 0;
}
```

作业 10 计算多项式的值

题目描述 从键盘读入 x，a，b，c，d，计算多项式 $f(x)=ax^3+bx^2+cx+d$ 的值，结果保留七位小数。

输入： 输入五个实数，分别是 x 和参数 a，b，c，d 的值，每个数都是绝对值不超过 100 的双精度浮点数，数与数之间用空格隔开。

输出： 输出 $f(x)$ 的值，结果保留七位小数。

样例输入： 2.31 1.2 2 2 3

样例输出： 33.0838692

参考代码

```
#include <iostream>
#include <iomanip>
using namespace std;
int main()
{
    double a,b,c,d,x,f;
    cin>>x>>a>>b>>c>>d;
    f=a*x*x*x+b*x*x+c*x+d;
    cout<<fixed<<setprecision(7)<<f;
    return 0;
}
```

第七课
数据类型转换

学习内容

✧ 学习自动类型转换的方法

✧ 学习强制类型转换的方法

语　法

C++ 作为一种编译型语言，各种数据类型的存放都有严格的格式，所以不同的数据类型进行运算时，编译器会自动或根据设置转换数据的类型。

一、自动类型转换

➢ 赋值运算：右值会自动转换为左值定义的类型，并赋值给左值，示例代码如下。

```
int a;
a=3.14;        //a 被赋值为 3
```

➢ 混合运算：不同的数据类型混合运算时，运算数据会自动向占用空间较大的类型转换，例如，int 型数据与 long long 型数据运算时，结果会转换为 long long 型数据；int 型数据与浮点数运算时，结果会转换为 double 型数据；int 型数据与 char 型数据运算时，结果会转换为 int 型数据。

二、强制类型转换

格式：（类型名）表达式

示例：“表达式”可以是常量、变量或运算表达式。

```
(int)3.14                //将浮点数 3.14 转换为整型数据
(double)a                //将变量 a 转换为 double 型数据
(long long)(a*b)         //将表达式 a*b 的结果转换为 long long 型数据
```

在编程中经常会遇到类型之间的转换，例如，在做整数除法时，如果要求结果是浮点数，就需要进行类型的转换，在定义变量或输出时要特别注意数据的类型。

例 7.1 计算三个数的平均数

题目描述 小雅刚刚参加完期中考试，考了语文、数学、英语三科，请帮她计算平均分。

输入： 输入三个正整数，中间用空格隔开，分别表示三科考试的分数。

输出： 输出平均分，结果保留三位小数。

样例输入： 75 88 99

样例输出： 87.333

程序代码

```
#include <iostream>
#include <iomanip>
using namespace std;
int main()
{
    int a,b,c;
    double d;
    cin>>a>>b>>c;
    d=(a+b+c)/3.0;
    cout<<fixed<<setprecision(3)<<d;
    return 0;
}
```

- `int a,b,c;`：定义三个整型变量 a，b，c
- `double d;`：三个数的平均值可能是浮点数，所以定义 double 型变量 d 存放平均值
- `d=(a+b+c)/3.0;`：将平均值赋值给 d

注意

语句“d=(a+b+c)/3.0;”运用了数据类型的转换，a+b+c 的值是整数，所以除以 3.0 后会转换为 double 型，并赋值给 double 型变量 d。如果不是除以 3.0 而是除以 3，求得的平均数会先砍掉小数部分，则结果还是整数，再赋值给 d 只能得到整数部分了。

例 7.2 计算正多边形每个内角的度数

题目描述 多边形的内角和定理：正多边形的内角和 =（n-2）×180°（n 表示正多边形的边数，$n \geqslant 3$ 且 n 为整数）。根据正多边形的边数计算正多边形每个内角的度数。

输入： 输入正多边形的边数 n（$3 \leqslant n \leqslant 10$）。

输出： 输出正 n 边形每个内角的度数，结果保留一位小数。

样例输入： 5

样例输出： 108.0

程序代码

```
#include <iostream>
#include <iomanip>
using namespace std;
int main()
{
    int n,s;
    cin>>n;
    s=(n-2)*180;
    cout<<fixed<<setprecision(1)<<(double)s/n;
    return 0;
}
```

定义整型变量 n 和 s，分别表示正多边形的边数和内角和

计算内角和

输出保留一位小数的内角度数

注意

语句“(double)s/n”使用了强制转换，将整型变量 s 转换为 double 型变量后，再进行除法运算，其结果仍是 double 型变量。如果使用“(double)(s/n)”则是错误的，因为“s/n”的商取整型，整型相除其结果还是整型数据。

Tips

在进行整数的除法运算时，如果要求的结果是浮点型数据，则要将被除数或除数中至少一个转换为浮点型数据，如果其中一个是常量，例如，“n/2”，可以直接写成“n/2.0”。如果两个都是变量，则需要用 double 转换至少其中一个变量的数据类型，例如，“(double) s/n”或“s/(double)n”。

作业 11 计算梯形的面积

题目描述 梯形面积的求解公式为 $S=\frac{(a+b)h}{2}$。从键盘读入梯形的上底 a，下底 b 和高 h，计算梯形的表面积。

输入：输入三个整数 a，b，h。

输出：输出梯形的面积，结果保留一位小数。

样例输入：2 3 5

样例输出：12.5

参考代码

```
#include <iostream>
#include <iomanip>
using namespace std;
int main()
{
    int a,b,h;
    double s;
    cin>>a>>b>>h;
    s=(a+b)*h/2.0;
    cout<<fixed<<setprecision(1)<<s;
    return 0;
}
```

作业 12 小明买水果

题目描述　小明去超市买了若干斤苹果，根据苹果的单价和小明买的苹果数量，编写一个程序计算出总金额，并打印出清单。

输入：输入有两行：第一行是商品的单价（小数）；第二行是商品的数量（整数）。

输出：输出商品的单价、数量及金额，中间用空格隔开。单价保留两位小数，数量为整数，总金额有小数直接去掉小数部分。

样例输入：3.55
3

样例输出：3.55 3 10

参考代码

```
#include <iostream>
#include <iomanip>
using namespace std;
int main()
{
    double f;
    int n;
    cin>>f>>n;
    cout<<fixed<<setprecision(2)<<f<<" ";
    cout<<n<<" "<<(int)(f*n);
    return 0;
}
```

第八课
字符型数据

学习内容

✧ 认识字符型数据

✧ 熟悉字符的 ASCII 码

语 法

一、字符型常量和变量

1. 字符型常量

字符型常量是用单引号括起来的单个普通字符或转义字符。

➢ 普通字符：A，s，*，这些都是普通字符；8 是一个数字字符；' '是空格，也是一个字符。

➢ 转义字符：转义字符并不显示，而是用来执行一些控制操作，例如，'\n' 就是执行换行的操作。常见的转义字符有 '\t' '\0' '\r' 等。

2. 字符型变量

字符型变量用关键字 char 定义，示例代码如下。

```
char c;              // 定义一个字符型变量 c
char a='S';          // 定义一个字符型变量 a 并初始化为字符 S
```

二、字符型的存储方式

字符型常量和变量都是以 ASCII 码的形式存放的。ASCII 码（美国信息交换标准代码）是美国国家标准学会（ANSI）制定的一种编码标准，将常用的西文字母、数字、符号及转义字符等纳入其中，基础的 ASCII 码值为 0 ～ 127，共有 128 个。完整的 ASCII 码表见附录 E。常用的 ASCII 码值如表 1-4 所示。

表 1-4　常用的 ASCII 码值

字符	码值
A	65
a	97
0	48
+	43
' '（空格）	32

ASCII 码值是一个整数，所以 ASCII 码可以和整型变量相互

转换或运算，转换的方法包括赋值、自动转换和强制转换。

例 8.1　字符型变量的语法练习

输出：65

a

66

B

程序代码

```
#include <iostream>
using namespace std;
int main()
{
    char c='A';              // 定义字符型变量 c 并初始化为 'A'
    int x=97;                // 定义整型变量 x 并初始化为 97
    cout<<(int)c<<endl;      // 将字符型变量强制转换为整型变量，输出 'A' 的 ASCII 码值 65
    cout<<(char)x<<endl;     // 将整型变量强制转换为字符型变量，97 是 'a' 的 ASCII 码值，所以输出字符 a
    cout<<c+1<<endl;         // c 是字符型变量，1 是整型常量，混合运算后自动转换为整型变量，'A' 的 ASCII 码值为 65，65+1=66，所以输出 66
    c=c+1;                   // 将 c+1 的值 66 又赋值给字符型变量 c
    cout<<c<<endl;           // 字符型变量 c 的输出结果是字符 B
    return 0;
}
```

Tips

（1）字母之间是有一定关系的，因为字母在 ASCII 码表中的顺序就是英文字母表的顺序，所以字符 'A'+1 后，会得到字符 'B' 的 ASCII 码值。

（2）一个字母的大小写的 ASCII 码值相差 32，例如，字母 'A' 的 ASCII 码值是 65，字母 'a' 的 ASCII 码值是 97，用这个规律可以快速实现大小写字母的转换。

例 8.2 转换大小写字母

题目描述 从键盘读入一个大写字母，将其转换为小写字母并输出。

输入： 输入一个大写字母。

输出： 输出对应的小写字母。

样例输入： M

样例输出： m

程序代码

```
#include <iostream>
using namespace std;
int main()
{
    char c;
    cin>>c;
    c+=32;
    cout<<c;
    return 0;
}
```

- char c; —— 定义一个字符型变量 c
- cin>>c; —— 读入大写字母到字符型变量 c
- c+=32; —— 将 ASCII 码值增加 32 后，再赋值给 c
- cout<<c; —— 输出对应的小写字母

Tips

（1）关键字 char 本质上是一种整型变量，是 8 位有符号整型变量，不仅可以定义字符型变量，也可以进行整数运算。

（2）对于同一字母，小写字母的 ASCII 值要更大一些，比大写字母的 ASCII 值大 32。

作业 13 输出字母的 ASCII 码值

题目描述 从键盘读入一个字母，请计算并输出该字母的 ASCII 码值。

- **输入：** 输入一个字母。
- **输出：** 输出字母对应的 ASCII 码值。
- **样例输入：** A
- **样例输出：** 65

参考代码

```
#include <iostream>
using namespace std;
int main()
{
    char a;
    cin>>a;
    cout<<(int)a<<endl;
    return 0;
}
```

作业 14 输出 ASCII 码对应的字母

题目描述 从键盘读入一个整数（ASCII 码），输出该 ASCII 码对应的字母。例如，ASCII 码值 65 对应的字母是 'A'，97 对应的字母是 'a'，48 对应的字母是 '0'。

- **输入：** 输入一个整数（ASCII 码）。
- **输出：** 输出该 ASCII 码对应的字母。
- **样例输入：** 65
- **样例输出：** A

参考代码

```
#include <iostream>
using namespace std;
int main()
{
    int a;
    char c;
    cin>>a;
    c=(char)a;
    cout<<c;
    return 0;
}
```

第九课
交换两个变量的值和设置域宽

学习内容

- ✧ 交换两个变量的值
- ✧ 使用函数 setw() 设置域宽

语　法

一、交换两个变量的值

有两个整型变量，初始值分别设为 a=3，b=5，将二者互换后，变量 a 的值变为 5，变量 b 的值变为 3。

1. 错误示范

错误交换变量值的代码如下。

```
a=b;
b=a;
```

第一行代码，把变量 b 的值赋值给了变量 a，变量 a 的值等于变量 b 的值，变量 a 原本的值丢失了。第二行代码，将变量 b 的值赋值给了变量 b，所以结果是两个变量的值相同。

2. 交换过程

假设有两杯水，要如何交换这两个杯子里的水？这次肯定不会直接把一个杯子里的水往另一个杯子里倒了，而是会再找一个空杯子，作为中转站。

同理，交换两个变量值的步骤和交换两杯水的步骤是一样的。

（1）新建一个变量 t，作为中转杯。

（2）将变量 b 中的数值放入变量 t 暂存。

（3）将变量 a 中的数值放入变量 b。

（4）将变量 t 中的数值放入变量 a。

交换两个变量值的过程可以用三角结构来展示，如图 1-19 所示，图中的①，②，③表示执行交换的顺序。

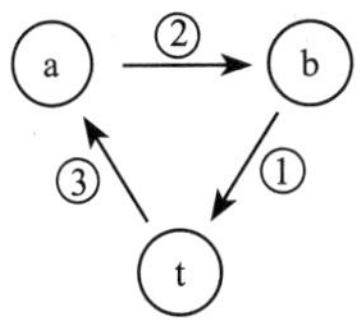

图 1-19　交换两个变量值的过程

例 9.1　交换两个变量的值

输出： 3 2

程序代码

```
#include <iostream>
using namespace std;
int main()
{
    int a=2,b=3,t;
    t=b;
    b=a;
    a=t;
    cout<<a<<" "<<b;
    return 0;
}
```

定义变量 a 的初始值为 2，变量 b 的初始值为 3，变量 t 用于中转

交换变量 a 和 b 的值

Tips

如图 1-20 所示，先将变量 b 的值暂存到中转站——变量 t，再按如图 1-20 所示的代码交换变量 a 和 b 的值。要注意后面两条指令的顺序不能乱。代码虽短，却容易错。建议先画出图 1-19 的三角结构，并标出顺序，再按照顺序编写代码。

```
t=b;
b=a;
a=t;
```

图 1-20　代码顺序

二、设置域宽

使用 cout 语句输出的内容，默认向左对齐，例如，输出“Hello World!”，效果如图 1-21 所示。

输出占用的位置宽度与内容的长度有关。当输出的表格或矩阵要对齐数据时，常指定一定的宽度，这就涉及域宽的设置。

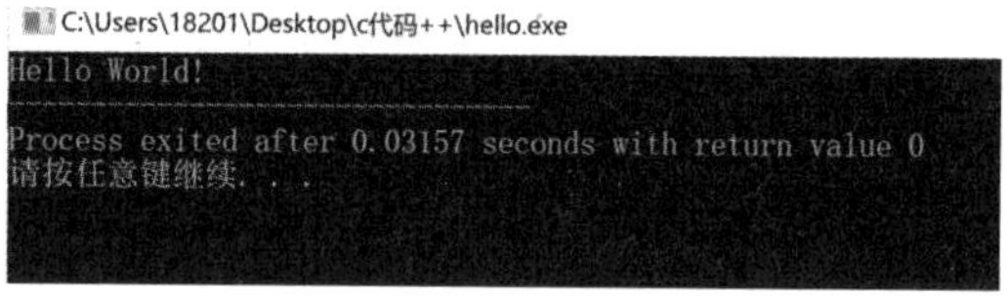

图 1-21　输出“Hello World!”的效果

域宽是指输出数据占用的总宽度，也称场宽。

设置域宽的格式如下。

```
#include <iomanip>
cout<<setw(n)<< 数据 ;
```

- 括号中的变量 n 表示输出数据占用的总宽度，数据向右对齐。
- 如果输出数据的宽度小于变量 n，则在数据前补充相应的空格，使总的显示宽度为 n。
- 如果输出数据的宽度大于变量 n，则完整显示数据。
- setw(n) 只对后面紧跟的一个数据有效，如果有多个数据要设置域宽，必须单独设置。

例 9.2 域宽语法练习

输出：

```
    12
123456
```

程序代码

```
#include <iostream>
#include <iomanip>
using namespace std;
int main()
{
    int a=12,b=123456;
```

使用函数 setw() 要包含头文件 <iomanip>

定义两个整型变量 a 和 b，并分别初始化为 12 和 123456

```
    cout<<setw(5)<<a<<endl;
    cout<<setw(5)<<b<<endl;
    return 0;
}
```

设置变量 a 的域宽为 5，因为 a 的值为 12，只有两个字符宽度，所以在 12 的前面填充了三个空格

设置变量 b 的域宽为 5，因为 b 的值为 123456，宽度已经超过了 5，所以完整显示 b 的值

作业 15　交换两个数的值

题目描述　从键盘读入两个正整数 *a* 和 *b*，交换 *a* 和 *b* 的值。

输入： 输入两个正整数 *a* 和 *b*。

输出： 输出 *a* 和 *b* 交换后的结果。

样例输入： 3 5

样例输出： 5 3

参考代码

```
#include <iostream>
using namespace std;
int main()
{
    int a,b,t;
    cin>>a>>b;
    t=b;
    b=a;
    a=t;
    cout<<a<<" "<<b;
    return 0;
}
```

作业 16 设置域宽

题目描述 从键盘读入三个整数，设置域宽为 8，依次输出三个整数，中间用空格隔开。

输入： 输入三个整数，中间用空格隔开。

输出： 输出三个整数，域宽为 8，中间用空格隔开。

样例输入： 123456789 0 -1

样例输出： 123456789   0   -1

参考代码

```
#include <iostream>
#include <iomanip>
using namespace std;
int main()
{
    int a,b,c;
    cin>>a>>b>>c;
    cout<<setw(8)<<a<<" "<<setw(8)<<b<<" "<<setw(8)<<c<<endl;
    return 0;
}
```

第十课
常用的数学函数

学习内容

✧ 使用常用的数学函数 sqrt()，pow()，abs()，fabs()，floor()，ceil()

语　法

数学运算除了使用运算符 +，-，*，/，% 外，还包括开方、乘方、绝对值、取整等运算，C++ 提供了函数进行这类运算，使用这些函数要包含 cmath 头文件 `#include<cmath>`。

常用的数学函数如表 1-5 所示。函数括号中是输入的参数，返回值就是函数计算出的结果。例如，“`a=pow(x,y);`”就是把变量 x 的 y 次方赋值给变量 a。

表 1-5　常用的数学函数

函　数	功　能	描　述	示　例	返回数据类型
sqrt(x)	开方	返回 x 的平方根	sqrt(9)=3	double 型
pow(x,y)	乘方	返回 x 的 y 次方	pow(2,3)=8	double 型
abs(x)	整数绝对值	返回整数 x 的绝对值	abs(-1)=1	int 型或 double 型
fabs(x)	浮点数绝对值	返回浮点数 x 的绝对值	fabs(-3.14)=3.14	double 型
floor(x)	向下取整	返回不大于 x 的最大整数	floor(2.5)=2	double 型
ceil(x)	向上取整	返回不小于 x 的最小整数	ceil(2.5)=3	double 型

例 10.1　函数语法练习

➡ **输出：** 8 3 1 3.14 2 3

程序代码

```
#include <iostream>
#include <cmath>
using namespace std;
int main()
{
     int a=2,b=3,c=-1;
     double d=9,e=2.5,f=-3.14;
     cout<<pow(a,b)<<" ";
     cout<<sqrt(d)<<" ";
     cout<<abs(c)<<" ";
     cout<<fabs(f)<<" ";
     cout<<floor(e)<<" ";
     cout<<ceil(e)<<" ";
     return 0;
}
```

调用函数要包含头文件 <cmath>

计算 a 的 b 次方，即 2 的 3 次方，结果为 8

计算 d 的平方根，即 9 的平方根，结果为 3

计算整数 c 的绝对值，即 -1 的绝对值，结果为 1

计算浮点数 f 的绝对值，即 -3.14 的绝对值，结果为 3.14

将 e 向下取整，即 2.5 向下取整，结果为 2

将 e 向上取整，即 2.5 向上取整，结果为 3

例 10.2 计算线段 *AB* 的长度

题目描述 已知线段的两个端点 *A*，*B*，计算线段 *AB* 的长度，结果保留三位小数。

输入： 输出有两行：第一行输入两个浮点数 xa，ya，即点 *A* 的坐标；第二行输入两个浮点数 xb，yb，即点 *B* 的坐标。

输出： 输出线段 *AB* 的长度，结果保留三位小数。

样例输入： 1 1
2 2

样例输出： 1.414

程序代码

```
#include <iostream>
#include <iomanip>
#include <cmath>
using namespace std;
int main()
{
    double xa,ya,xb,yb,c;
    cin>>xa>>ya>>xb>>yb;
    c=sqrt(pow(xa-xb,2)+pow(ya-yb,2));
    cout<<fixed<<setprecision(3)<<c;
    return 0;
}
```

定义浮点数 xa，ya，xb，yb，存放两个端点的坐标

运用勾股定理，根据两条直角边长计算出斜边长度，用 pow() 函数求解边长的平方，用 sqrt() 函数求解平方根，即斜边长度

结果保留三位小数

作业 17　输出绝对值

题目描述　从键盘读入一个浮点数，输出这个浮点数的绝对值，结果保留两位小数。

输入：输入一个浮点数，其绝对值不超过 10 000。

输出：输出这个浮点数的绝对值，结果保留两位小数。

样例输入：-3.14159

样例输出：3.14

参考代码

```
#include <iostream>
#include <iomanip>
#include <cmath>
using namespace std;
```

```
int main()
{
    double a;
    cin>>a;
    cout<<fixed<<setprecision(2)<<fabs(a)<<endl;
    return 0;
}
```

作业 18 计算三角形的面积

题目描述 传说古代的叙拉古国王海伦二世发现，利用三角形的三条边长可以求三角形的面积。已知△ *ABC* 中的三条边长分别为 *a*，*b*，*c*，求△ *ABC* 的面积。

提示：海伦公式 $S=\sqrt{p(p-a)(p-b)(p-c)}$

其中，$p=\frac{a+b+c}{2}$。

输入：输入三角形的三条边长，中间用空格隔开。

输出：输出三角形的面积，结果保留三位小数。

样例输入：2.1 3.1 4.1

样例输出：3.179

参考代码

```
#include <iostream>
#include <iomanip>
#include <cmath>
using namespace std;
int main()
{
    double a,b,c,p,s;
    cin>>a>>b>>c;
    p=(a+b+c)/2;
    s=sqrt(p*(p-a)*(p-b)*(p-c));
    cout<<fixed<<setprecision(3)<<s;
    return 0;
}
```

第十一课
数位分离①

学习内容

✧ 使用求余运算符 %，分离出十进制整数各数位上的数字

语　法

已知一个两位正整数 *n*，求它的个位与十位上的数字之和，例如，*n*=25，个位为 5，十位为 2，则数位和为 5+2=7。

如果 *n* 是一个十进制整数，可以用 `/10` 和 `%10` 分离各数位上的数字。定义“`int ge,shi;`”分别表示个位和十位，则 `ge=n%10`（25 除以 10 的余数是 5）；`shi=n/10`（25 除以 10 的结果为 2），数位和就是 `ge+shi`（5+2=7）。

如果 *n* 是一个三位数，例如，123，则个位仍然是 `n%10`；而十位用 `n/10` 会出现错误，因为 `123/10=12`，并不是十位上的数值，正确的方法是 `shi=n/10%10`，就将十位上的数字 2 分离出来了；分离百位上的数字，可以用 `n/100`（或者 `n/100%10`）来实现。

以此类推，假设 *n* 是一个四位整数，数位分离的示例代码如下。

```
ge=n%10;
shi=n/10%10;
bai=n/100%10;
qian=n/1000%10;
```

根据这个规律，可以分离出来任意整数各数位上的数字。

例 11.1　逆序输出一个两位整数

题目描述　从键盘读入一个两位整数 *n*，把这个两位整数的个位和十位上的数字颠倒后输出。例如，23 倒过来是 32，18 倒过来是 81，20 倒过来是 2（0 在十位上时不输出）。

输入：输入一个两位整数 *n*。

输出：逆序输出这个两位整数。

样例输入：20

样例输出：2

程序代码

```
#include <iostream>
using namespace std;
int main()
{
      int n,a,b;
      cin>>n;
      a=n/10;
      b=n%10;
      n=b*10+a;
      cout<<n;
      return 0;
}
```

int n,a,b;：定义三个整型变量 n，a，b，分别存放输入的两位整数及其十位和个位上的数字

a=n/10;：分离十位上的数字存入变量 a

b=n%10;：分离个位上的数字存入变量 b

n=b*10+a; cout<<n;：将倒序后的数赋值到 n 并输出

Tips

程序使用代码“n=b*10+a;”将倒序后的数赋值到 n 并输出。为什么不能使用代码“cout<<b<<a;”直接输出呢？如果这个数是 18 则输出 81，没有问题；如果是 20，则会输出 02，题目要求 0 在十位上时不输出，所以应该输出 2。因此使用代码“b*10+a;”完成输出，即 0×10+2=2，可以得到无前导 0 的倒序数。

例 11.2 三位整数的运算

题目描述　从键盘读入一个三位正整数，求整数的（百位 + 十位）/（十位 + 个位）的结果，保留两位小数。例如，整数为 135，根据要求列算式为 (1+3)/(3+5)=4/8=0.50。

输入：输入一个三位正整数 *n*（*n* 的各数位中都不含数字 0）。

输出：输出这个三位正整数（百位 + 十位）/（十位 + 个位）的结果，结果保留两位小数。

样例输入：135

样例输出：0.50

程序代码

```
#include <iostream>
#include <iomanip>
using namespace std;
int main()
{
    int n,a,b,c;
    double s;
    cin>>n;
    a=n/100%10;
    b=n/10%10;
    c=n%10;
    s=(double)(a+b)/(b+c);
    cout<<fixed<<setprecision(2)<<s;
    return 0;
}
```

- `int n,a,b,c;`：定义整型变量 n，a，b，c，分别存放输入的三位整数及其百位、十位、个位的值
- `double s;`：double 型变量 s 存放除法运算的结果
- `s=(double)(a+b)/(b+c);`：将整数强制转换为浮点数，再进行除法运算
- `cout<<fixed<<setprecision(2)<<s;`：结果保留两位小数

Tips

在分离一个固定位数的整数时，最高位可以直接用除法，之后再取余，其值不会改变，例如，一个三位数，求百位上的数可以用“/100”，也可以用“/100%10”，前者只对三位数的百位有效，后者则对任意位的数的百位都有效。

作业 19 逆序输出一个四位整数

题目描述 从键盘读入一个四位整数，将其逆序输出。

输入：输入一个四位整数 $n(1000 \leqslant n \leqslant 9999)$。

输出：逆序输出这个四位整数。

样例输入：4567

样例输出：7654

参考代码

```
#include <iostream>
using namespace std;
int main()
{
    int n,a,b,c,d;
    cin>>n;
    a=n/1000%10;
    b=n/100%10;
    c=n/10%10;
    d=n%10;
    cout<<d*1000+c*100+b*10+a;
    return 0;
}
```

作业 20 计算五位整数的数位和

题目描述　从键盘读入一个五位正整数，计算这个五位整数各数位上的数字之和。

输入：输入一个五位正整数 n。

输出：输出这个五位整数各数位上的数字之和。

样例输入：12345

样例输出：15

参考代码

```
#include <iostream>
using namespace std;
int main()
{
    int n,a,b,c,d,e;
    cin>>n;
    a=n/10000%10;
    b=n/1000%10;
    c=n/100%10;
    d=n/10%10;
    e=n%10;
    cout<<a+b+c+d+e;
    return 0;
}
```

第十二课
格式化输入 / 输出

学习内容

✧ 学习格式化输入 / 输出函数：scanf() 和 printf()

✧ 使用常用的格式符

语　法

cin 和 cout 流输入 / 输出包含在 C++ 语言的头文件 iostream 中。C++ 也兼容 C 语言的语法，C 语言的 scanf() 和 printf() 函数，在 C++ 中也可以使用，但要包含头文件 #include <cstdio>。

scanf() 和 printf() 函数可以完全替代 cin 和 cout 来输入 / 输出数据，且速度更快，更适合在数据量大时使用。同时包含 iostream 和 cstdio 头文件时，两种方法可以混用。

1. scanf() 函数

格式：`scanf(格式控制地址列表);`

示例：`scanf("%d",&a);`　// 读入一个 `int` 型的整数到变量 `a` 中，“`%d`”是格式符，也称占位符，表示按照 `int` 类型读入，`&a` 表示变量 `a` 的地址

`scanf("%d%d",&a,&b);`　// 读入两个以空格或换行隔开的 `int` 型整数放入变量 `a` 和 `b` 中，例如，3 和 5。地址列表中的 `&a`，`&b` 以逗号分隔，与前面的占位符一一对应

2. printf() 函数

格式：`printf(格式控制输出列表);`

示例：`printf("%d",a);`　// 输出变量 `a` 的值，其中“`%d`”是格式符，表示输出 `int` 类型的整数

使用 printf() 函数输出有以下几种情况。

➢ 只输出字符串：把输出的内容放入双引号中，例如，“`printf("hello world");`”。

➢ 输出内容中有字符串也有变量：用格式符给变量“占个位”，并将输出的变量依次用逗号隔开，例如，输出的变量 a 为 3，b 为 5 时，要输出“`a=3,b=5`”这样的格式，输出语句为“`printf("a=%d,b=%d",a,b);`”。

➢ 输出要换行：可以在双引号中要换行的位置加入转义字符“`\n`”，例如，“`printf("%d\n",a);`”表示将变量 a 输出后换行。

➢ 设置域宽：在格式符中间加上一个整数表示域宽，例如，“`%5d`”中的 5 即为域宽，向右对齐，负数则表示向左对齐，例如，“`%-5d`”。

➢ 输出浮点数：即指定小数点后的位数，方法是在格式符中间加上“`.n`”，n 表示保留小数的位数，例如，“`%.2lf`”表示输出 double 型浮点数并四舍五入保留两位小数。

常用格式符对应的数据类型如表 1-6 所示。

表 1-6　常用格式符对应的数据类型

格　式　符	对应的数据类型
%d	int
%lld	long long
%f	float
%lf	double
%c	char

例 12.1　scanf/printf 语法练习①

样例输入： 3 5

样例输出： 8

3+5=8

3, 5

程序代码

```
#include <iostream>
#include <cstdio>
using namespace std;
int main()
```

使用 scanf/printf 必须包含头文件 <cstdio>

```
{
    int a,b;
    scanf("%d%d",&a,&b);
    printf("%d\n",a+b);
    printf("%d+%d=%d\n",a,b,a+b);
    printf("%3d,%3d\n",a,b);
    return 0;
}
```

- 定义两个整型变量 a 和 b
- 输入两个整数 3 和 5，分别存放在变量 a 和 b 中，中间用空格隔开
- 输出 a+b 的值为 8，并换行
- 输出 3+5=8，格式控制中有三个占位符 %d，输出列表中也应有三个以逗号分隔的值，并且先后顺序与格式控制一一对应
- 设置 a 和 b 的域宽，用逗号隔开

例 12.2 scanf/printf 语法练习②

样例输入： A

样例输出： A
65

程序代码

```
#include <iostream>
#include <cstdio>
using namespace std;
int main()
{
    char c;
    scanf("%c",&c);
    printf("%c\n",c);
    printf("%d\n",c);
    return 0;
}
```

- 定义一个字符型变量 c
- 按字符型的格式读入字符 'A' 并存放在变量 c 中
- 按字符型格式输出 c，输出结果为字符 A
- 按十进制整数输出 c，则输出结果为字符 A 的 ASCII 码，即 65

例 12.3 scanf/printf 语法练习③

样例输入： 3.14159

样例输出： 3.141590
3.14
  3.14

程序代码

```
#include <iostream>
#include <cstdio>
using namespace std;
int main()
{
    double d;
    scanf("%lf",&d);
    printf("%lf\n",d);
    printf("%.2lf\n",d);
    printf("%6.2lf\n",d);
    return 0;
}
```

- double d; —— 定义一个 double 型浮点数 d
- scanf("%lf",&d); —— 将输入的浮点数存放在变量 d 中
- printf("%lf\n",d); —— 用格式符 %lf 输出 d 的值，结果保留六位小数，输出 3.141590
- printf("%.2lf\n",d); —— 用格式符 %.2lf 输出 d 的值，结果保留两位小数，输出 3.14
- printf("%6.2lf\n",d); —— 用格式符 %6.2lf 设置域宽为 6，结果保留两位小数

Tips

（1）使用 scanf() 函数读入一个变量时，注意不要漏写“&”，例如，“scanf("%d",&a);”。

（2）使用 printf() 函数输出多个数据时，注意占位符与输出列表一一对应。

（3）代码“printf("%.2lf",d)”等效于“cout<<fixed<<setprecision(2)<<d”，且更简单好记。

（4）scanf/printf 的格式设置比较复杂，一般情况下，如果输入 / 输出的数据量不大，使用 cin/cout 更为简单，也不易出错。

例 12.4 计算圆的直径、周长和面积

题目描述 从键盘读入圆的半径实数 r，输出圆的直径、周长和面积。（π=3.14159）。

输 入： 输入一个实数 r（$0<r\leqslant 10\,000$），表示圆的半径。

输出： 输出三个数，分别表示圆的直径、周长和面积，中间用空格隔开并保留四位小数。

样例输入： 3.0

样例输出： 6.0000 18.8495 28.2743

程序代码

```
#include <iostream>
#include <cstdio>
#define PI 3.14159
using namespace std;
int main()
{
double r,d,c,s;
    scanf("%lf",&r);
    d=2*r;
    c=d*PI;
    s=PI*r*r;
    printf("%.4lf %.4lf %.4lf",d,c,s);
    return 0;
}
```

使用宏定义将 PI 设为 3.14159

定义 double 型变量 r，d，c，s，分别存放半径、直径、周长和面积

将输入的数据存放在变量 r 中

输出圆的直径、周长和面积，中间用空格隔开并保留四位小数

Tips

程序使用宏定义“#define PI 3.14159”将PI设为3.14159，这样可以在下面的程序中用PI替换原先3.14159所出现的位置，使得程序简洁易懂。宏定义是编程中常用的技巧，注意宏定义的结尾不带分号“;”。

作业21　计算总分和平均分

题目描述　期末考试成绩出来了，小明同学语文、数学、英语分别考了 x，y，z 分，请计算小明的总分和平均分。

- **输入：** 输入三个正整数 x，y，z（$0 < x$，y，$z \leqslant 100$），分别表示小明三科考试的成绩。
- **输出：** 输出有两行：第一行输出总分；第二行输出平均分，结果保留一位小数。
- **样例输入：** 100 95 91
- **样例输出：** 286
95.3

参考代码

```
#include <iostream>
#include <cstdio>
using namespace std;
int main()
{
    int x,y,z;
    scanf("%d%d%d",&x,&y,&z);
    printf("%d\n",x+y+z);
    printf("%.1lf\n",(x+y+z)/3.0);
    return 0;
}
```

作业22　计算圆环的面积

题目描述　有一个圆环铁片，中间是空心的，已知圆环外圆的半径是 r_1，内圆半径是 r_2，计算该铁片的面积。（铁片面积＝外圆面积－内圆面积，π=3.14）

输入： 输入两个整数 r_1、r_2，分别表示外圆和内圆的半径。

输出： 输出铁片的面积，结果保留两位小数。

样例输入： 10 6

样例输出： 200.96

参考代码

```
#include <iostream>
#include <cstdio>
#define PI 3.14
using namespace std;
int main()
{
    int r1,r2;
    double s1,s2;
    scanf("%d%d",&r1,&r2);
    s1=PI*r1*r1;
    s2=PI*r2*r2;
    printf("%.2lf",s1-s2);
    return 0;
}
```

第二章　选择结构

本章学习选择结构，包括 if 语句、switch 语句、关系运算符、逻辑运算符和条件运算符，等等。

第一章编写的程序，是从上至下的顺序结构，且没有设置任何条件。但在很多场景中，要根据条件选择执行不同的任务，例如，

如果遇到红灯，就要停下来。

如果考试成绩优秀，妈妈就会奖励。

景区对 1.2m 以下儿童及 70 岁以上老人免票。

如果周末不下雨，就出去郊游。

在这些场景中，编写代码要通过设置条件来判断具体的执行内容。

第十三课 if 语句和关系运算符

学习内容

✧ 使用 if 语句

✧ 使用关系运算符 >, <, >=, <=, ==, !=

语 法

一、if 语句

当遇到“如果……那么”的场景时，使用 if 语句可以实现这样的逻辑。

1. if 语句的格式

格式：`if(表达式)语句;` `//if` 表示如果；表达式的值是条件，即逻辑值，只有真 (`true/1`) 和假 (`false/0`) 两个结果

2. 逻辑值的两个原则

（1）逻辑值只能是真或假。

（2）非 0 即为真。

3. if 语句的执行过程

（1）首先判断括号中表达式的值是否为真。

（2）如果为真，则执行后面紧跟着的一条语句；如果不为真，则跳过紧跟着的这条语句，直接执行后面的语句。

3. 复合语句

当表达式值为真时，只会执行紧跟着的第一条语句，如果需要执行多个语句，要用花括号将这些语句括起来，形成一个复合语句，示例代码如下。

```
if(表达式)
{
```

```
    语句1;
    语句2;
    语句3;
}
```

> **注意**
>
> 只有一条语句，也可以用花括号括起来。
>
> if表达式可以是关系表达式、逻辑表达式、算术表达式甚至变量。

二、关系运算符

关系运算符的功能是比较大小。C++有六个关系运算符，如表2-1所示。

表2-1 关系运算符

运算符	名称	示例	优先级
>	大于	a>0	较高
<	小于	b<15	
>=	大于或等于	c>=10	
<=	小于或等于	100<=s	
==	等于	a==b	较低
!=	不等于	c!=d	

Tips

（1）C++判断相等关系的运算符是“==”，而不是“=”，“=”是赋值运算符。

（2）六个关系运算符的优先级也分成了两挡：>，<，>=，<=的优先级较高；==，!=的优先级较低。

（3）综合学过的算术运算符、赋值运算符和关系运算符，其优先级从高到低如下。

算术运算符 * / % > 算术运算符 + − > 关系运算符 > < >= <= > 关系运算符 == != > 赋值运算符 = += −= *= /= %=

例 13.1 判断是否为正数

题目描述 从键盘读入一个整数 *a*，判断其是否为正数。

输入： 输入一个整数 *a*。

输出： 如果是正数则输出 yes，否则不输出。

样例输入： 5

样例输出： yes

程序代码

```
#include <iostream>
using namespace std;
int main()
{
    int a;
    cin>>a;
    if(a>0) cout<<"yes";
    return 0;
}
```

定义一个整型变量 a，并用 cin 语句读入 a

用 if 语句判断 a 是否大于 0，如果结果为真，则执行 cout 语句，输出 yes 后运行“return 0;”语句，结束程序；如果结果不为真，则跳过 cout 语句，直接运行“return 0;”语句，结束程序

```
if(a>0);
{
    cout<<"yes";
}
```

if 语句的括号后面没有分号；使用花括号构成复合语句，花括号后面也不能有分号。

```
if(a>0)
{
    cout<<"yes";
};
```

例 13.2 判断是否为偶数

题目描述　从键盘读入一个正整数 a，判断其是否为偶数。

样例输入：10

样例输出：yes

输入：输入一个正整数 a。

输出：如果 a 是偶数则输出 yes，否则不输出。

程序代码

```
#include <iostream>
using namespace std;
int main()
{
    int a;
    cin>>a;
    if(a%2==0)
    {
        cout<<"yes";
    }
    return 0;
}
```

- int a; cin>>a;：定义一个整型变量 a，并用 cin 语句读入 a
- if(a%2==0)：判断条件中有算术运算符“%”和关系运算符“==”，根据优先级不同，先执行“%”运算，再执行“==”运算
- cout<<"yes";：如果是偶数则输出 yes

作业 23 判断小明的分数

题目描述　小明同学有一个目标：语文考试成绩要达到 90 分。从键盘读入一个整数 n，表示小明同学的语文考试成绩，判断小明是否实现了目标。

输入：输入一个整数 n，表示小明同学的语文考试成绩。

输出：如果 $n \geqslant 90$ 则输出 yes，否则不输出。

样例输入：95

样例输出：yes

参考代码

```
#include <iostream>
using namespace std;
int main()
{
    int n;
    cin>>n;
    if(n>=90) cout<<"yes";
    return 0;
}
```

注意

✧ 在一个条件中，关系运算符可以和算术运算符结合使用。

✧ if 语句用来判断一个条件是否为真，如果为真则执行紧跟着的语句。这个判断条件只会有“真”或“假“两种情况，所有非 0 的结果都为真。

作业 24 判断是否为倍数

题目描述 从键盘读入两个正整数 a 和 b，判断 a 是否是 b 的倍数。

输入：输入两个正整数 a 和 b。

输出：如果 a 是 b 的倍数则输出 yes，否则不输出。

样例输入：12 6

样例输出：yes

参考代码

```
#include <iostream>
using namespace std;
int main()
{
    int a,b;
    cin>>a>>b;
    if(a%b==0) cout<<"yes";
    return 0;
}
```

第十四课
if else 语句

学习内容

✧ 使用 if else 语句

语 法

if 语句是当条件满足时执行紧跟着的语句。但还有一些场景，当条件不满足时还要执行另外的语句，这就要用到 C++ 中的 if else 语句。

1. if else 语句的格式

if else 语句延伸了 if 语句，可以在 if 表达式值为“false”（不为真）时执行不同的语句，格式如下。

```
if(表达式)
    语句1;
else
    语句2;
```

2. if else 语句的执行过程

（1）首先执行括号内的表达式，如果判断条件的结果为真，则执行语句 1，否则执行语句 2。

（2）无论语句 1 或语句 2 执行结束后都会跳转到 if else 语句之后的位置。这里根据条件产生了两个分支，程序只会执行其中一个分支，且一定会执行其中一个分支。

3. 复合语句的格式

if 语句为单分支，if else 语句为双分支。如果需要执行多个语句，可以用花括号将这些语句括起来形成一个复合语句，格式如下。

```
if(表达式)
{
```

```
    语句 1;
}
else
{
    语句 2_1;
    语句 2_2;
    语句 2_3;
}
```

注意

同 if 语句一样，如果 if else 只有一条语句，也可以用花括号括起来。

else 必须与 if 匹配，不能独立存在。在编写代码时注意运用缩进体现语句的层次，养成好习惯，在后面使用嵌套结构时不容易出错。

例 14.1 判断奇偶数

题目描述　从键盘读入一个整数 *n*，判断该数是奇数还是偶数。

输入： 输入一个大于零的正整数 *n*。

输出： 如果 *n* 是奇数则输出 odd，否则输出 even。

样例输入： 8

样例输出： even

程序代码

```
#include <iostream>
using namespace std;
int main()
{
    int n;          ——定义一个变量 n，并用 cin 语句读入 n
    cin>>n;
    if(n%2==1)
    {
```

```
        cout<<"odd";
    }
    else
    {
        cout<<"even";
    }
    return 0;
}
```

判断 n 是否为奇数，如果结果为真则输出 odd，否则输出 even

Tips

对于一个正整数来说，不是奇数就一定是偶数，所以必然会执行其中一个分支。

语句 if(n%2==1) 也可以写成 if(n%2)，效果是一样的，n%2 是一个算术表达式，放在 if() 中，便成为一个条件，其结果不为 0 便是"真"，等效于 if(n%2!=0)。

同理，语句 if(a) 等效于 if(a!=0)。

例 14.2 数位分离并比较大小

题目描述 从键盘读入一个两位整数 *n*（*n* 的个位和十位上的数不相等），比较这个两位整数的十位和个位，哪一位上的数更大，就输出这个数。例如，输入 18，十位为 1，个位为 8，个位更大，所以输出 8。

输入：输入一个两位整数 *n*。

输出：输出这个两位整数的十位和个位的较大数。

样例输入：62

样例输出：6

程序代码

```
#include <iostream>
using namespace std;
int main()
{
     int n,a,b;
     cin>>n;
     a=n/10;
     b=n%10;
     if(a>b)
     {
        cout<<a<<endl;
     }
     else
     {
        cout<<b<<endl;
     }
     return 0;
}
```

- int n,a,b;：定义三个整型变量 n，a，b，n
- cin>>n;：cin 语句用来存放读入的两位整数 n
- a=n/10;：进行数位分离，a 存放十位上的数字
- b=n%10;：进行数位分离，b 存放个位上的数字
- if…else：判断 a 与 b 的大小，如果 a＞b 输出 a，否则输出 b

作业 25　判断 3 的倍数

题目描述　从键盘读入一个整数 *n*，判断这个数是不是 3 的倍数。

输入： 输入一个整数 *n*

输出： 如果 *n* 是 3 的倍数则输出 yes，否则输出 no。

样例输入： 3

样例输出： yes

作业 26 购买恐龙园的门票

题目描述 恐龙园的成人票是 120 元，身高低于 1.3 米的儿童可购买优惠票 60 元。编写一个程序，输入身高后，输出相应的门票价格。

输入： 输入一个人的身高。（单位：米）

输出： 输出相应的门票价格。

样例输入： 1

样例输出： 60

作业 25 的参考代码

```
#include <iostream>
using namespace std;
int main()
{
    int n;
    cin>>n;
    if(n%3==0)
    {
        cout<<"yes";
    }
    else
    {
        cout<<"no";
    }
    return 0;
}
```

作业 26 的参考代码

```
#include <iostream>
using namespace std;
int main()
{
    double n;
    cin>>n;
    if(n<1.3)
    {
        cout<<60;
    }
    else
    {
        cout<<120;
    }
    return 0;
}
```

第十五课
逻辑运算符

学习内容

✧ 逻辑运算符的使用方法

&&（逻辑与）

||（逻辑或）

！（逻辑非）

语　法

1. 逻辑运算符的用途

生活中时常遇到多个条件同时满足或满足其中某个条件来选择执行方向的场景，常用含有“并且”“或者”“不成立”等含义的词汇来连接它们，例如：

如果期末考试语文和数学成绩都优秀，妈妈就带我出去玩；

每周一和周五可以上编程课；如果不下雨就去踢球。

2. 三个逻辑运算符

C++ 的逻辑运算符有三个：&&（逻辑与），||（逻辑或），！（逻辑非），其中“&&”和“||”是双目运算符，“ ！ ”是单目运算符。由逻辑运算符构成的表达式称为逻辑表达式，表达式的结果是一个逻辑值，即只能是真（true/1）或假（false/0）。

➢ 逻辑与：运算符为“&&”，是“并且”的意思，有两个运算对象，例如，a&&b。逻辑与的运算规则如表 2-2 所示。

表 2-2　逻辑与的运算规则

A	B	A&&B	
1	1	1	只有当 A 和 B 同时为真时，A&&B 的值才为真，否则均为假 逻辑与的运算规则可以巧记为口诀“真真为真，一假则假”
1	0	0	
0	1	0	
0	0	0	

➤逻辑或：运算符为“||”，是“或者”的意思，有两个运算对象，例如，`a||b`。逻辑或的运算规则如表 2-3 所示。

表 2-3　逻辑或的运算规则

A	B	A||B	
1	1	1	只有当 A 和 B 同时为假时，A||B 的值才为假，否则均为真 逻辑与的运算规则可以巧记为口诀：“假假为假，一真则真”
1	0	1	
0	1	1	
0	0	0	

➤逻辑非：运算符为“!”，是“不是”“不成立”的意思，这是个单目运算符，只有一个运算对象，例如，`!a`。逻辑非的运算规则如表 2-4 所示。

表 2-4　逻辑非的运算规则

A	!A	
1	0	如果 A 为真则 !A 为假；如果 A 为假则 !A 为真
0	1	

3. 运算符的优先级

三个逻辑运算符的优先级是 ! > && > ||。

综合学过的算术运算符、赋值运算符、关系运算符和逻辑运算符，其优先级从高到低如下。

逻辑运算符 ! > 算术运算符 * / % > 算术运算符 + - > 关系运算符 > < >= <= >

关系运算符 == != > 逻辑运算符 && > 逻辑运算符 || > 赋值运算符 = += -= *= /= %=

根据语义编写逻辑表达式：

（1）*x* 在 60 ～ 100 之间（含 60 和 100）：`x>=60 && x<=100`。

（2）x 在 12 以下 70 以上（含 12 和 70）：x<=12 || x>=70。

（3）x 不同时与 y，z 相等：!(x==y && x==z)。

尝试根据以下题意编写逻辑表达式：

（1）n 是 0 ～ 9 之间（含 0 和 9）的一个数，但不是 6。

（2）c 不是字符 's' 或 't'。

（3）n 不是 2 和 3 的倍数。

Tips

（1）三个逻辑运算符“！”“&&”“||”的优先级不同，使用时注意运算的次序。

（2）若要表达 x 在 60 到 100 之间，表达式写成 60<=x<=100 是不对的，要用 && 连接两个关系表达式。

例 15.1 判断是否为两位整数

题目描述　从键盘读入一个正整数 n，判断这个数是否为两位整数。

输入： 输入一个正整数 n（$10 \leqslant n \leqslant 99$）。

输出： 如果 n 是两位整数则输出 yes，否则输出 no。

样例输入： 24

样例输出： yes

程序代码

```
#include <iostream>
using namespace std;
int main()
{
    int n;                    ●——— 定义一个整型变量 n
```

```
    cin>>n;                          用 cin 语句读入 n
    if(n>=10 && n<=99)
    {                                判断 n 是否为两位整数
        cout<<"yes";
    }
    else
    {
        cout<<"no";
    }
    return 0;
}
```

例 15.2 判断一个整数能否同时被 3 和 5 整除

题目描述 从键盘读入一个整数 n，判断 n 能否同时被 3 和 5 整除。

输入： 输入一个整数 n。（$-1\,000\,000<n<1\,000\,000$）

输出： 如果 n 能同时被 3 和 5 整除则输出 yes，否则输出 no。

样例输入： 15

样例输出： yes

程序代码

```
#include <iostream>
using namespace std;
int main()
{
    int n;                           定义一个整型变量 n
```

```
    cin>>n;                          // 用 cin 语句读入 n
    if(n%3==0 && n%5==0)             // 判断 n 是否能同时被 3 和 5 整除
    {
       cout<<"yes";
    }
    else
    {
       cout<<"no";
    }
    return 0;
}
```

注意

三个运算符，“%”是算术运算符，其优先级最高；“==”是关系运算符，其优先级其次；“&&”是逻辑运算符，其优先级最低。当多种运算符同时在一个表达式中出现且没有括号时，要遵循运算符的优先级处理数据。

作业 27　判断能否构成三角形

题目描述　从键盘读入三个整数，表示三条线段的长度，判断这三条线段能否构成三角形。

输入：输入三个整数表示三条线段的长度。

输出：如果三条线段能构成三角形则输出 yes，否则输出 no。

样例输入：3 4 5

样例输出：yes

参考代码

```
#include <iostream>
using namespace std;
int main()
{
    int a,b,c;
    cin>>a>>b>>c;
    if(a+b>c && a+c>b && b+c>a)
```

```
        {
            cout<<"yes";
        }
        else
        {
            cout<<"no";
        }
        return 0;
}
```

作业 28 对称数的判断

题目描述 从键盘读入一个三位整数，判断这个三位整数是否是对称数。如果一个数的个位数与百位数调换后，仍是同一个数，例如，121，686，808，这些数就称为对称数。

- **输入：**输入一个三位整数。
- **输出：**如果这个三位整数是对称数则输出 yes，否则输出 no。
- **样例输入：**121
- **样例输出：**yes

参考代码

```
#include <iostream>
using namespace std;
int main()
{
    int n;
    cin>>n;
    if(n/100 == n%10)
    {
        cout<<"yes";
    }
    else
    {
        cout<<"no";
    }
    return 0;
}
```

第十六课 分支的嵌套和多分支

学习内容

✧ 分支的嵌套

✧ 多分支及 else if 语句

语　法

一个 if else 语句可以判断一个条件，实现两个分支，如果在某个分支中又有条件需要判断，或者根据多个条件执行不同的程序，就会用到分支的嵌套或多分支结构。

一、分支的嵌套

根据条件 1 的真假，有 A 和 B 两个分支，而在 A 分支，又要判断条件 2，以选择进入 C 分支或 D 分支，这样的嵌套结构如下所示。

```
if(条件1)                                   //A分支
{
    if(条件2)                               //C分支
    {
        语句C;//条件1为真，且条件2也为真时执行
    }
    else                                    //D分支
    {
        语句D;//条件1为真，条件2为假时执行
    }
}
else                                        //B分支
{
```

```
    语句 B;// 条件 1 为假时执行
}
```

二、多分支

根据多个不重合的条件进入不同的分支，称为多分支。多分支时使用 else if() 语句，括号中是这个分支的条件。

如果条件 1 满足则进入 A 分支；否则如果条件 2 满足，则进入 B 分支；否则进入 C 分支，这样的多分支结构如下所示。

```
if( 条件 1)                                  //A 分支
{
    语句 A;  // 条件 1 为真时执行
}
else if( 条件 2)                             //B 分支
{
    语句 B;  // 条件 1 为假，条件 2 为真时执行
}
else                                         //C 分支
{
    语句 C;  // 条件 1，2 都为假时执行
}
```

例 16.1 评定成绩等级

题目描述 某学校根据期末成绩和平时成绩评定这一学期的成绩等级。A 等：期末成绩不低于 60 分，且平时成绩不低于 60 分；B 等：期末成绩不低于 60 分，但平时成绩低于 60 分；C 等：期末成绩低于 60 分。

输入： 输入两个正整数 a 和 b（a，$b \leqslant 100$），分别表示期末成绩和平时成绩，中间用空格隔开。

输出： 输出相应的等级。

样例输入： 70 50

样例输出： B

程序代码

```
#include <iostream>
using namespace std;
int main()
{
    int a,b;
    cin>>a>>b;
    if(a>=60)
    {
        if(b>=60)
        {
            cout<<"A";
        }
        else
        {
            cout<<"B";
        }
    }
    else
    {
        cout<<"C";
    }
    return 0;
}
```

程序先用 if(a>=60) 判断条件 1 是否成立，如果条件 1 不成立，则在 else 分支输出 C

如果条件 1 成立，则继续判断条件 2 是否成立，如果成立则输出 A，否则输出 B

例 16.2 计算分段函数

题目描述 有一个函数如下，请编写程序，输入 x，计算 y。

$$y=\begin{cases} x & (x<1) \\ 2x-1 & (1\leqslant x<10) \\ 3x-11 & (x\geqslant 10) \end{cases}$$

输入： 输入一个整数 x。

输出： 输出 y 的值。

样例输入： 8

样例输出： 15

程序代码

```
#include <iostream>
using namespace std;
int main()
{
     int x,y;
     cin>>x;
     if(x<1)
     {
        y=x;
     }
     else if(x>=1 && x<10)
     {
        y=2*x-1;
     }
```

定义两个整型变量 x 和 y 并读入 x

第一分支

第二分支

```
    else                    // 也可以使用 else if(x>=10)
    {
        y=3*x-11;           // 直接计算第三段分支的值
    }
    cout<<y;
    return 0;
}
```

Tips

（1）分支的嵌套可以有很多层，根据实际情况编写即可。

（2）注意 if 和 else 的配对关系，else 不能单独存在，总是与离它最近的 if 语句相匹配。

（3）注意代码风格，尽管编译器并不关心格式，但每层嵌套缩进后的源代码更清晰、更易于阅读和维护。

作业 29　判断成绩等级

题目描述　输入某学生的成绩，如果成绩在 86 分以上（包括 86 分）则输出 very good；如果在 60 ～ 85 分之间则输出 good（包括 60 分和 85 分）；如果小于 60 分则输出 bad。

输入： 输一个整数 $a(a \leqslant 100)$。

输出： 输出成绩的等级。

样例输入： 80

样例输出： good

参考代码

```
#include <iostream>
using namespace std;
int main()
{
    int a;
    cin>>a;
    if(a>=86) cout<<"very good"<<endl;
    else if(a>=60 && a<=85) cout<<"good"<<endl;
    else cout<<"bad"<<endl;
    return 0;
}
```

作业 30 计算冰棍的应付金额

题目描述 小明去买冰棍，请帮他计算应付金额。冰棍的单价如图 2-1 所示。

数量	单价
30 个及以上	1 元
20~29 个	1.2 元
10~19 个	1.5 元
10 个以下	1.8 元

图 2-1 冰棍的价格

输入： 输入一个整数 n，表示小明购买的冰棍的数量。

输出： 输出小明应付的金额，结果保留一位小数。

样例输入： 30

样例输出： 30.0

参考代码

```
#include <iostream>
#include <iomanip>
using namespace std;
int main()
{
    int n;
    double s;
    cin>>n;
    if(n>=30) s=n*1.0;
    else if(n>=20 && n<=29) s=n*1.2;
    else if(n>=10 && n<=19) s=n*1.5;
    else s=n*1.8;
    cout<<fixed<<setprecision(1)<<s;
    return 0;
}
```

第十七课 switch 语句

学习内容

✧ switch 语句

语 法

1.switch 语句的格式

C++ 还有一种实现多分支的语句——switch，可以使程序架构更清晰。

switch 语句的格式如下。

```
switch(表达式)
{
    case 常量1:
          语句1;
          break;
    case 常量2:
          语句2;
          break;
    ......
    case 常量n:
          语句n;
          break;
    default:
          语句n+1;
          break;
}
```

2.switch 语句的执行过程

（1）计算 switch 括号内的表达式，向下取整作为结果。

（2）依次将每个 case 后的常量与结果进行比较，若相等，则执行 case 后对应的语句。

（3）如果执行到 break 语句，则结束整个 switch 语句。

（4）如果计算得到的结果与所有常量的值都不相等，则执行 default 后的语句。

Tips

（1）各个 case 后的常量都不能相等，且须是整型或字符型，例如，“case 1:”或“case 'A':”。

（2）case 或 default 后的语句可以有多条，不用加花括号。

（3）各个 case 的先后顺序可以变动。

（4）default 放在所有 case 语句的后面。如果 default 语句后面不需要执行任何语句，可以省略 default 语句及 break 语句。

（5）如果 case 语句后没有 break 语句，则程序会走向下一个 case 语句或 default 语句。

例 17.1　输出等级对应的成绩

题目描述　输入成绩的等级，输出相应的分数范围。A 等为 90 ～ 100 分，B 等为 80 ～ 89 分，C 等为 70 ～ 79 分，D 等为 60 ～ 69 分，E 等为不及格。如果输入不在 A 至 E 之间，输出 error!。

输入：输入一个大写字母。

输出：输出大写字母对应的分值或“error!”。

样例输入：A

样例输出：90 ～ 100 分

程序代码

```
#include <iostream>
using namespace std;
int main()
{
    char c;
    cin>>c;
    switch(c)
    {
      case 'A':
            cout<<"90~100 分 "<<endl;
            break;
      case 'B':
            cout<<"80~89 分 "<<endl;
            break;
      case 'C':
            cout<<"70~79 分 "<<endl;
            break;
      case 'D':
            cout<<"60~69 分 "<<endl;
            break;
      case 'E':
            cout<<" 不及格 "<<endl;
            break;
      default:
            cout<<"error!"<<endl;
            break;
    }
    return 0;
}
```

定义一个字符型变量 c，并用 switch 语句对 c 开设分支

因为 c 是字符型变量，所以 case 后的常量都应是字符型常量，当 c 与这个字符相等时，运行相应的语句

结束整个 switch 语句

Tips

case 语句后面如果没有 break 语句，程序会继续运行后面的 case 语句，可以试着修改上面的程序，去掉某个 break 语句，看看输出有什么变化。而这个特性有时可以用来实现一些其他的功能，如果 switch 语句后的表达式取不同的值时需要执行相同的语句，省略 break; 是一个更方便的做法。

例如，如果想让 A 和 a 都能表示 A 等级，示例代码如下。

```
case 'A':
case 'a':
     cout<<"90~100 分 ";
     break;
```

例 17.2 输出星期几

题目描述　如表 2-5 所示，输入一个表示星期几的序号，输出对应的英文。如果输入的序号不表示星期几，输出“input error!”。

表 2-5　中英文对照

序　号	星 期 几	英　文
1	星期一	Monday
2	星期二	Tuesday
3	星期三	Wednesday
4	星期四	Thursday
5	星期五	Friday
6	星期六	Saturday
7	星期日	Sunday

输入： 输入一个数字序号。

输出： 输出序号对应的星期英文或“input error!”。

样例输入： 5

样例输出： Friday

程序代码

```
#include <iostream>
using namespace std;
int main()
{
    int n;
    cin>>n;
    switch(n)
    {
      case 1:
            cout<<"Monday";
            break;
      case 2:
            cout<<"Tuesday";
            break;
      case 3:
            cout<<"Wednesday";
            break;
      case 4:
            cout<<"Thursday";
            break;
```

定义一个整型变量 n，并用 switch 语句对 n 开设分支

程序从上至下依次将各个 case 后的常量与 n 进行对比，如果相等则运行对应的代码，运行到 break 语句时结束 switch 语句；如果都不相等则运行 default 语句后的代码

```
        case 5:
            cout<<"Friday";
            break;
        case 6:
            cout<<"Saturday";
            break;
        case 7:
            cout<<"Sunday";
            break;
        default:
            cout<<"input error!";
            break;
    }
    return 0;
}
```

Tips

✧ switch 语句可以实现多分支，它是将一个整数的值作为分支的依据，每个分支对应一个常量。

✧ else if 也可以实现多分支，其分支条件更加灵活，所有使用 switch 语句的场景，都可以用 else if 语句替代。

作业 31　判断晶晶能否赴约

题目描述　贝贝想约晶晶一起去看展览，但晶晶每周一、三、五必须上课，请帮晶晶判断她能否接受贝贝的邀请。

输入： 输入贝贝邀请晶晶去看展览的日期，用数字 1 ～ 7 表示从星期一至星期日。

输出： 如果晶晶可以接受贝贝的邀请则输出 yes，否则输出 no。

样例输入： 2

样例输出： yes

参考代码

```
#include <iostream>
using namespace std;
int main()
{
	int n;
	cin>>n;
	switch(n)
	{
	   case 1:
	   case 3:
	   case 5:
			cout<<"no";
			break;
	   default:
			cout<<"yes";
			break;
	}
	return 0;
}
```

作业 32 制作简易计算器

题目描述　制作一个简易的计算器，支持 +，-，*，/ 四种运算。仅考虑输入 / 输出为整数的情况，数据和运算结果不会超过 int 类型的范围。

输入： 输入三个参数：其中第一个、第二个参数为整数；第三个参数为操作符（+，-，*，/ 中的一个）。

输出：

（1）输出一个整数作为运算结果。

（2）如果除数为 0，输出“Divided by zero!”。

（3）如果出现无效的操作符（即不为 +，-，*，/ 之一），输出“Invalid operator!”。

样例输入： 1 2 +

样例输出： 3

参考代码

```
#include <iostream>
using namespace std;
int main()
{
    int a,b;
    char c;
    cin>>a>>b>>c;
    switch(c)
    {
      case '+':
```

```
                cout<<a+b<<endl;
                break;
            case '-':
                cout<<a-b<<endl;
                break;
            case '*':
                cout<<a*b<<endl;
                break;
            case '/':
                if(b==0)
                {
                    cout<<"Divided by zero!"<<endl;
                }
                else
                {
                    cout<<a/b<<endl;
                }
                break;
            default:
                cout<<"Invalid operator!"<<endl;
        }
        return 0;
}
```

第十八课
条件运算符

学习内容

- ✧ 条件运算符
- ✧ 条件表达式

语　法

1. 条件表达式的格式

在 C++ 的运算符中，有一个条件运算符“?:”，用来根据条件取值，这是 C++ 语言中唯一的三目运算符，即有三个运算对象，用条件运算符构成的表达式称为条件表达式。

条件表达式的格式如下。

表达式 1? 表达式 2: 表达式 3

三个表达式以问号“?”和冒号“:”隔开，其运算规则如下。

（1）先求解表达式 1。

（2）如果表达式 1 的结果为真，则表达式 2 的值就是整个条件表达式的值。

（3）如果表达式 1 的结果为假，则表达式 3 的值就是整个条件表达式的值。

条件表达式的运算过程，相当于 if else 语句的运算过程，表达式 1 的结果是一个逻辑值，即只有真或假两种情况。

2. 条件运算符的优先级

条件运算符是 C++ 本身具有的运算符，其优先级低于逻辑运算符，高于赋值运算符。

3. 条件表达式的运算结果

（1）条件表达式的运算结果可以赋值，示例代码如下。

```
c = a>b ? a : b;// 如果 a>b，则整个表达式的值为 a，将 a 赋值给 c，否则整个
                   表达式的值为 b，将 b 赋值给 c
```

（2）条件表达式的运算结果也可以不赋值，示例代码如下。

a>b ? cout<<a : cout<<b;// 如果 a>b，则执行 cout<<a，否则执行 cout<<b

（3）作为输出语句出现，示例代码如下。

cout<<(a>b ? a : b);// 条件表达式整体要加上括号

例 18.1 判断是否晨练

题目描述 输入温度 t 的值，判断是否适合晨练。如果 25℃ ≤ t ≤ 30℃则适合晨练，否则不适合。

输入： 输入温度 t 的值。

输出： 输出判断结果。如果温度适合晨练则输出 yes，否则输出 no。

样例输入： 25

样例输出： yes

程序代码

```
#include <iostream>
using namespace std;
int main()
{
    int t;
    cin>>t;
    t>=25 && t<=30 ? cout<<"yes" : cout<<"no";
    return 0;
}
```

例 18.2 计算打折后的价格

题目描述 小区新开业的超市搞活动，凡购买总金额满 200 元及以上的商品可以打八折

（打八折的意思是总价 ×0.8），购物不满 200 元的顾客可以打九折。小芳买了三件商品，请根据超市的活动计算小芳实际需要付多少钱？

输入：输入三个小数，分别表示小芳购买的三件商品的价格，中间用空格隔开。

输出：输出小芳实际需要付的金额，结果保留一位小数。

样例输入：80.5 90.5 100

样例输出：216.8

程序代码

```
#include <iostream>
#include <cstdio>
using namespace std;
int main()
{
     double a,b,c,s;
     cin>>a>>b>>c;
     s=a+b+c;
     s = s<200 ? s*0.9 : s*0.8;
     printf("%.1lf",s);
     return 0;
}
```

定义 double 型变量 a,b,c 存放读入的数据，s 存放总金额

因为赋值运算符的优先级更低，所以先判断 s < 200 的条件，如果条件为真，将“s*0.9”赋值给 s；如果条件为假，则将“s*0.8”赋值给 s

输出总金额 s 的值，结果保留一位小数

Tips

（1）条件表达式必然有一个结果，要么是表达式 2 的结果，要么是表达式 3 的结果，这是由表达式 1 的结果来决定的。

（2）条件表达式都可以用 if else 语句实现，可以根据自己的习惯来选择程序设计的思路。

作业 33 计算车辆

题目描述 学校有 *n* 位同学要外出旅游，一辆大巴车可以坐 30 人，请问需要几辆大巴车？

输入： 输入一个整数 *n*，表示同学的总人数。

输出： 输出一个整数，表示需要大巴车的数量。

样例输入： 18

样例输出： 1

参考代码

```
#include <iostream>
using namespace std;
int main()
{
	int n;
	cin>>n;
	cout<< (n%30 ? n/30+1 : n/30);
	return 0;
}
```

作业 34 判断是否上课

题目描述 暑假来了，晶晶报名了自己心仪已久的游泳课，非常开心，老师告诉晶晶每周一、三、五、六有课，晶晶担心自己会忘记，于是编写了一个程序，从键盘读入今天星期几，判断是否要上课。

输入： 输入一个整数 n（n 是 1 ～ 7 之间的整数），表示今天是星期几。

输出： 如果上课则输出 yes，否则输出 no。

样例输入： 1

样例输出： yes

参考代码

```
#include <iostream>
using namespace std;
int main()
{
    int n;
    cin>>n;
    n==1 || n==3 || n==5 || n==6 ? cout<<"yes" : cout<<"no";
    return 0;
}
```

第十九课
字符的判断和转换

学习内容

✧ 大小写字母和数字字符的判断

✧ 大小写字母之间的转换

✧ 数字字符与数字之间的转换

语 法

1. 大小写字母和数字字符的判断

有一个字符型变量 char c，如何判断 c 是不是大写字母呢？

字母是以 ASCII 码的形式存储的，每个字母都有个 ASCII 码值，是一个整数，从 ASCII 码表可以发现，所有大写字母都是按照英文字母的顺序存放在一起的，从 A 开始，到 Z 结束，所以可以用区间内的判断方式来判断。

表达式：`c>='A' && c<='Z'`　　　`//` 表达式的值为真，`c` 是一个大写字母

表达式：`c>='a' && c<='z'`　　　`//` 表达式的值为真，`c` 是一个小写字母

表达式：`c>='0' && c<='9'`　　　`//` 表达式的值为真，`c` 是一个数字

注意

（1）表达式中是“>=”和“<=”，而不是“>”和“<”；

（2）字符应用单引号 ''，而不是双引号 ""。

2. 大小写字母之间的转换

同一个字母的大小写，在 ASCII 码表中的差值是 32，例如，字母 A 的 ASCII 码值是 65，字母 a 的 ASCII 码值是 97，所以可以用 ±32 转换大小写字母。

一个大写字母 c 转成小写字母：`c+=32;`

一个小写字母 c 转成大写字母：`c-=32;`

注意

大写字母的 ACSII 码值较小。

3. 数字字符与数字之间的转换

字符 0 实际是以 ASCII 值存放的，其值为 48，使用这个字符参与算术运算时，要以数字 0 进行运算，而不是 48，所以要把它转换为对应的数字。数字字符转为数字的方法是将其 ASCII 码值减去 0 的 ASCII 码值。

将一个数字字符 c 转换为对应数字的表达式：`c-'0';`

将一个数字 a 转换为对应数字字符的表达式：`a+'0';`

例 19.1 判断字符

题目描述　从键盘读入一个字符，可以是大写字母、小写字母或数字，判断该字符的类型。

输入： 输入一个字符。

输出： 如果是大写字母则输出“upper”；如果是小写字母则输出“lower”；如果是数字则输出“digit”。

样例输入： 0

样例输出： digit

程序代码

```
#include <iostream>
using namespace std;
int main()
{
    char c;                                                  // 定义一个字符型变量 c
    cin>>c;
    if(c>='A' && c<='Z') cout<<"upper";                      // 判断 c 是否为大写字母
    else if(c>='a' && c<='z') cout<<"lower";                 // 判断 c 是否为小写字母
    else if(c>='0' && c<='9') cout<<"digit";                 // 判断 c 是否为数字字符
    return 0;
}
```

例 19.2 转换大小写字母

题目描述 从键盘读入一个字符，可以是大写字母或小写字母。如果是大写字母，输出其对应的小写字母；如果是小写字母，输出其对应的大写字母。

输入： 输入一个字符。

输出： 输入大写字母，输出对应的小写字母；输入小写字母，输出对应的大写字母。

样例输入： t

样例输出： T

程序代码

```
#include <iostream>
using namespace std;
int main()
{
    char c;                                  // 定义一个字符型变量 c
    cin>>c;
    if(c>='A' && c<='Z') c+=32;              // 如果 c 是大写字母，将 c 转换为小写字母
    else if(c>='a' && c<='z') c-=32;         // 如果 c 是小写字母，将 c 转换为大写字母
    cout<<c<<endl;
    return 0;
}
```

注意

当判断出 c 是大写字母时，不可以直接用 cout<<c+32 输出 c。

因为这样输出的是个整数而不是字符，因为 c+32 是字符型变量与整型常量的运算，按照数据类型转换规则，结果会转换为整型数，而使用 c+=32 后，加法运算后的整型数被重新赋值给字符型变量 c，按照转换规则，c 的数据类型被转换为字符型。如果不需要给 c 赋值，可以使用代码“cout<<(char)(c+32);”直接输出 c。

Tips

（1）判断大小写字母及数字字符，是利用 ASCII 码连续编号这一性质，通过字符所在的区间来判断属于哪种字符。

（2）在转换字符时，注意输出结果要转换为所需的数据类型。

作业 35 输出下一个字母

题目描述 从键盘读入一个字母，可能是大写字母，也可能是小写字母，请根据字母表的顺序，输出该字母的下一个字母是什么。例如，a 的下一个字母是 b;X 的下一个字母是 Y;z 的下一个字母是 a。

输入: 输入一个字母。

输出: 输出该字母的下一个字母。

样例输入: A

样例输出: B

参考代码

```
#include <iostream>
using namespace std;
int main()
{
    char c;
    cin>>c;
    if(c>='A' && c<='Y') c=c+1;
    else if(c=='Z') c='A';
    else if(c>='a' && c<='y') c=c+1;
    else if(c=='z') c='a';
    cout<<c;
    return 0;
}
```

第二十课 输出最值①

学习内容

◇ 找出几个数中的最大值和最小值

语 法

找出三个变量 a，b，c 中的最大值。解这个题最朴素的思路就是比较大小，使用关系运算符“>”，可以实现这样的功能。这个过程可以描述为“打擂台”。

思路一：新建一个变量 max，用来存放最大的数，首先比较变量 a 和变量 b，并将较大的值存入变量 max；接着，用变量 c 与变量 max 比较，如果变量 c 大于变量 max，则将变量 c 的值存入变量 max；最后输出 max 的值，也就是三个数中的最大值，示例代码如下。

```
if(a>b) max=a;
else max=b;
if(c>max) max=c;
cout<<max;
```

思路二：首先暂定变量 a 为最大值，即 max，然后让变量 b 和变量 c 轮流与变量 max 进行比较，如果值更大就替换变量 max 的值，最终能得到最大值，示例代码如下。

```
max=a;
if(b>max) max=b;
if(c>max) max=c;
cout<<max;
```

同理，也可以找出三个数中的最小值。

例 20.1 输出四个整数中的最小值

题目描述 从键盘读入四个整数，中间用空格隔开，输出四个数中最小的整数。

- **输入**：输入四个整数，中间用空格隔开。
- **输出**：输出四个数中最小的整数。
- **样例输入**：6 8 4 10
- **样例输出**：4

程序代码

```
#include <iostream>
using namespace std;
int main()
{
    int a,b,c,d,min;
    cin>>a>>b>>c>>d;
    min=a;
    if(b<min) min=b;
    if(c<min) min=c;
    if(d<min) min=d;
    cout<<min;
    return 0;
}
```

定义四个整型变量 a，b，c，d 存放输入的四个整数，定义整型变量 min 存放最小的数

将变量 a 的值暂定为最小数

依次将变量 b，c，d 与变量 min 进行比较，如果比 min 小则替换 min

Tips

变量 b，c，d 依次与变量 min 比较时，都要使用 if 语句而不能是 else if 语句，因为无论前面的条件是否成立，它们都要与变量 min 进行比较。

例 20.2 输出最大数和最小数

题目描述 输入五个整数，输出最大数和最小数。输出格式：max= 最大数，min= 最小数。

输入： 输入五个整数，中间用空格隔开。

输出： 输出有两行：第一行输出最大数；第二行输出最小数。

样例输入： 3 7 2 8 5

样例输出： max=8
min=2

程序代码

```
#include <iostream>
using namespace std;
int main()
{
    int a,b,c,d,e,max,min;
    cin>>a>>b>>c>>d>>e;
    max=a;min=a;
    if(b>max) max=b;
    if(b<min) min=b;
    if(c>max) max=c;
    if(c<min) min=c;
    if(d>max) max=d;
    if(d<min) min=d;
    if(e>max) max=e;
    if(e<min) min=e;
    cout<<"max="<<max<<endl;
    cout<<"min="<<min<<endl;
    return 0;
}
```

- int a,b,c,d,e,max,min;：定义整型变量 max 和 min，分别存放最大数和最小数
- max=a;min=a;：将 a 暂定为最大数和最小数
- if(b>max) … if(e<min)：依次将变量 b，c，d，e 分别与变量 max 和变量 min 进行比较：如果比 max 大则替换 max；如果比 min 小则替换 min
- cout 两行：最后按要求格式输出 max 和 min

作业 36　计算最大数和最小数的差

题目描述　从键盘读入一个三位正整数 n，求这个三位正整数的个位、十位、百位中最大数和最小数的差。例如，读入 123，那么差值是 3-1=2；读入 863，那么差值是 8-3=5。

- **输入：**输入一个三位正整数 n。
- **输出：**输出这个三位正整数各数位中最大数和最小数的差。
- **样例输入：**123
- **样例输出：**2

参考代码

```
#include <iostream>
using namespace std;
int main()
{
      int n,a,b,c,maxx,minn;
      cin>>n;
      a=n/100;
      b=n/10%10;
      c=n%10;
      maxx=a; minn=a;
      if(b>maxx) maxx=b;
      if(b<minn) minn=b;
      if(c>maxx) maxx=c;
      if(c<minn) minn=c;
      cout<<maxx-minn;
      return 0;
}
```

作业 37　买礼物

题目描述　暑假，小华到北京旅游，想给自己的好朋友买一些礼物。小华在礼物店看上了三件礼物，价格分别是三个不相等的整数 x，y 和 z 元，小华买了三件礼物中价格最高的一件和价格最低的一件。请问小华总共要花多少钱，平均一件礼物要花多少钱？

输入： 输入三个不相等的整数 x，y，z，中间用空格隔开，分别表示小华看上的三件礼物的价格。

输出： 输出有两行：第一行输出小华买礼物总共花了多少钱；第二行输出小华平均一件礼物花了多少钱，结果保留一位小数。

样例输入： 8 3 5

样例输出： 11
5.5

参考代码

```
#include <iostream>
#include <iomanip>
using namespace std;
int main()
{
    int a,b,c,maxx,minn;
    cin>>a>>b>>c;
    maxx=a; minn=a;
    if(b>maxx) maxx=b;
    if(b<minn) minn=b;
    if(c>maxx) maxx=c;
    if(c<minn) minn=c;
    cout<<maxx+minn<<endl;
    cout<<fixed<<setprecision(1)<<(maxx+minn)/2.0;
    return 0;
}
```

第二十一课
三个数排序

学习内容

✧ 三个数的排序法

算　法

有三个数 a，b，c，将其按从小到大的顺序排序。假设 a 最小，c 最大，输出 a，b，c。

按以下步骤比较 a，b，c 的大小。

（1）a 与 b 比较，如果 $a>b$，则交换 a 与 b，否则什么也不做。

（2）a 与 c 比较，如果 $a>c$，则交换 a 与 c，否则什么也不做。经过前两步，三个数中的最小值就放在 a 中了。

（3）b 与 c 比较，如果 $b>c$，则交换 b 与 c，否则什么也不做，排序完毕。

用一个实例来分析比较大小的整个过程。设初始状态 a，b，c 的值分别为 5，4，3，按从小到大的顺序排序，如表 2-6 所示。

表 2-6　从小到大排序

a	b	c	排序过程
5	4	3	初始值
4	5	3	第一步，比较 a 与 b，$a>b$，二者交换
3	5	4	第二步，比较 a 与 c，$a>c$，二者交换
3	4	5	第三步，比较 b 与 c，$b>c$，二者交换，排序完毕

同理，实现从大到小的排序步骤是一样的，把“>”换成“<”即可。

例 21.1　将三个数从大到小排序

题目描述　从键盘读入三个整数，按从大到小的顺序输出。

输入： 从键盘读入三个整数，中间用空格隔开。

输出： 按从大到小的顺序输出这三个整数。

样例输入： 5 6 7

样例输出： 7 6 5

程序代码

```
#include <iostream>
using namespace std;
int main()
{
     int a,b,c,t;
     cin>>a>>b>>c;
     if(a<b)
     {
        t=b; b=a; a=t;
     }
     if(a<c)
     {
        t=c; c=a; a=t;
     }
     if(b<c)
     {
        t=c; c=b; b=t;
     }
     cout<<a<<" "<<b<<" "<<c;
     return 0;
}
```

定义三个整型变量 a，b，c 存放输入的三个整数，定义 t 作为交换时的临时变量

程序用三个 if 语句，分别比较 a 和 b，a 和 c，b 和 c，如果参与比较的两个数的顺序不正确则交换二者。经过前两次比较后，最大值已经存放在 a 中。最后一次比较，让 b 和 c 也排好了顺序

依次输出 a，b，c，即从大到小排序的结果

Tips

（1）要注意三次比较的顺序，第一个数先与后面的数依次比较，最后再比较后两个数。

（2）交换两个变量时三条语句的顺序也要注意，顺序不能乱。

例 21.2 判断三角形的类别

题目描述　从键盘读入三个整数，作为三条边长，判断其是否构成三角形。如果不能构成三角形则输出 no；如果能构成三角形，进一步判断三角形是锐角三角形（ruijiao）或直角三角形（zhijiao）或钝角三角形（dunjiao）。

输入: 输入三个整数，中间用空格隔开。

输出: 输出三角形的类别或 no。

样例输入: 3 4 5

样例输出: zhijiao

程序代码

```
#include <iostream>
using namespace std;
int main()
{
     int a,b,c,t;
     cin>>a>>b>>c;
     if(a<b)                    先找到最长边，设 a 为最长边
     {
        t=b;b=a;a=t;
     }
     if(a<c)
     {
```

```
        t=c;c=a;a=t;
    }
    if(b+c>a)
    {
        if(b*b+c*c==a*a)
        {
                cout<<"zhijiao";
        }
        else if(b*b+c*c>a*a)
        {
                cout<<"ruijiao";
        }
        else
        {
                cout<<"dunjiao";
        }
    }
    else
    {
        cout<<"no";
    }
    return 0;
}
```

判断能否构成三角形

如果能构成三角形，根据勾股定理，判断 b^2+c^2 与 a^2 之间的关系，即可判断三角形的类型

作业 38 重组数字

题目描述 从键盘读入一个三位整数，再把它各位上的数字的次序打乱后重新组合成一个新的三位整数，使其值最大。

输入： 输入一个三位整数。

输出： 输出这个三位整数的数字打乱次序后组成新的最大值的三位整数。

样例输入： 470

样例输出： 740

参考代码

```
#include <iostream>
using namespace std;
int main()
{
    int n,a,b,c,t;
    cin>>n;
    a=n/100;
    b=n/10%10;
    c=n%10;
    if(a<b)
    {
      t=b;b=a;a=t;
    }
    if(a<c)
    {
      t=c;c=a;a=t;
    }
    if(b<c)
    {
      t=c;c=b;b=t;
    }
    cout<<a*100+b*10+c<<endl;
    return 0;
}
```

作业 39 判断三个整数是否相邻

题目描述 判断三个整数是否相邻，相邻则输出 true，否则输出 false。

- **输入**：输入三个整数，中间用空格隔开。
- **输出**：输出 true 或 false。
- **样例输入**：1 3 2
- **样例输出**：true

参考代码

```
#include <iostream>
using namespace std;
int main()
{
    int a,b,c,t;
    cin>>a>>b>>c;
    if(a<b)
    {
      t=b;b=a;a=t;
    }
    if(a<c)
    {
      t=c;c=a;a=t;
    }
    if(b<c)
    {
      t=c;c=b;b=t;
    }
    if(a==b+1 && b==c+1) cout<<"true";
    else cout<<"false";
    return 0;
}
```

第三章　循环结构

本章学习循环结构，主要包括 while、do while、for 三种循环。

学习的重点在于弄清三种循环的相同与不同之处，以便在不同场景中使用。要清楚三种循环的格式和执行顺序，将每种循环的格式理解透彻后就会明白如何替换使用，例如，计算 $1+2+3+\cdots+n$ 的值，用 while 语句编写程序，再用 do while 语句重新编写一个程序，这样能更好地理解这两种循环结构的区别。要特别注意在循环体内应包含趋于结束的语句（即循环变量值的改变），否则就可能成了一个死循环，这是初学者的一个常见错误。

第二十二课 for 语句

学习内容

✧ for 语句

语　法

一、for 循环

使用 for 语句实现的循环称为 for 循环，这是 C++ 中使用场景非常多的循环结构，当确定了循环次数时一般使用 for 循环。例如，输出三行 Hello 的示例代码如下。

```
cout<<"Hello"<<endl;  // 使用顺序结构
cout<<"Hello"<<endl;
cout<<"Hello"<<endl;
```

如果要输出 30 行甚至 3000 行 Hello 呢？可以使用 for 循环来实现。for 循环的流程图如图 3-1 所示。for 循环的格式如下。

```
for(表达式 1; 表达式 2; 表达式 3)
{
    循环体;
}
```

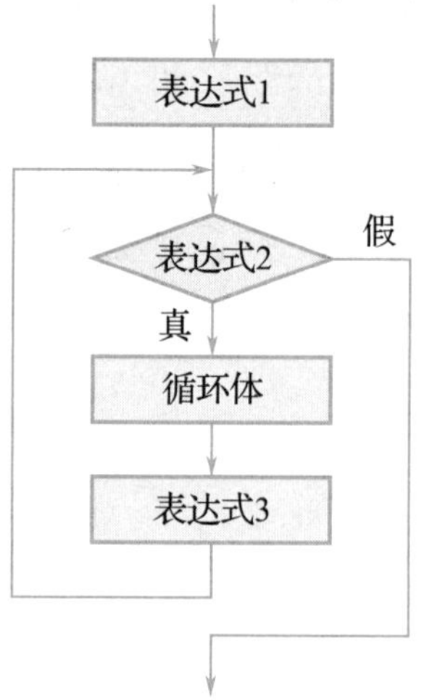

图 3-1　for 循环的流程图

一个完整的 for 循环包含了四部分，在 for 之后的括号（）中，用分号“；”分隔三个表达式：表达式 1 设置循环的初始状态；表达式 2 是循环条件，其执行结果是一个逻辑量（只有真 / 假两种结果）；表达式 3 用来给循环变量增值。花括号“{}”内是一个由复合语句构成的循环体。

for 循环的执行步骤如下。

（1）执行表达式 1。整个 for 循环语句表达式 1 只执行一次。

（2）执行表达式 2。若结果为真，则执行循环体的语句，接着进入步骤（3）；若结果为假，则结束循环。

（3）执行表达式 3。

（4）回到步骤（2）继续执行循环语句。

例 22.1 循环输出三行“Hello”

输出： Hello
Hello
Hello

程序代码

```
#include <iostream>
using namespace std;
int main()
{
    int i;
    for(i=1;i<=3;i++)
    {
      cout<<"Hello"<<endl;
    }
    return 0;
}
```

定义一个整型变量 i 作为循环变量

使用 for 循环实现三次循环，其中，设置循环变量 i 的初始值为 1；i<=3 为循环条件，当 i<=3 时执行循环体中的语句输出 Hello；i++ 负责给变量增值，每次循环结束后，i 的值会增加 1

注意

把 i<=3 改为任意大于或等于 1 的整数，都可以得到相应次数的循环输出。

当 i 的值增加到无法满足 i<=3 的条件时，循环结束，至此共循环了三次，输出三行 Hello，循环结束时 i 的值为 4

Tips

（1）for 语句的表达式中间要用分号隔开，但括号、花括号的后面不能有分号。

（2）表达式 1 只执行 1 次。

（3）如果一开始表达式 2 的结果就为假，则不执行循环。例如，把 i<=3 误写成 i>=3，而 i 的初始值为 1，所以 i>=3 为假，程序会直接跳过循环体，执行结果为空。

（4）表达式 3 是在循环体内所有语句执行完后再执行的。

（5）循环变量必须是整型数，可以是 int、long long 或 char，不能是浮点数。

二、for 循环的变体

for 语句表达式 1，2，3 的任意一个都可以省略，但用于分隔的分号不能省略。

➢ 变式一　　for(；表达式 2；表达式 3)

省略表达式 1，即省略初始状态，可将初始状态放在 for 循环的前面，示例代码如下。

```
i=1;  //将循环变量初始化放置在 for 循环的前面
for( ;i<=5;i++)
{
   cout<<"Hello"<<endl;
}
```

➢ 变式二　　for(表达式 1；　；表达式 3)

省略表达式 2，即省略循环条件，程序会默认表达式 2 为真，进入无限循环，也称死循环。

➢ 变式三　　for （表达式 1；表达式 2；）

省略表达式 3，即省略循环变量的增量，可以在循环体的尾部给变量增值，示例代码如下。

```
for( i=1 ;i<=5; )
{
   cout<<"Hello"<<endl;
   i++;  //将增量表达式放置在循环体的最后位置
}
```

例 22.2　输出 1~n 之间所有的整数

题目描述　从键盘读入一个整数 n（$n \geqslant 1$），按顺序输出 1 ～ n 之间所有的整数。

输入： 输入一个整数 n。

输出： 输出 1 ～ n 之间所有的整数，中间用空格隔开。

样例输入： 5

样例输出： 1 2 3 4 5

程序代码

```
#include <iostream>
using namespace std;
int main()
{
     int n,i;                    // 定义整型变量 n 存放输入的整数；定义整型变量 i 作为循环变量
     cin>>n;
     for(i=1;i<=n;i++)           // 进行 n 次循环
     {
        cout<<i<<" ";            // 输出 1 ～ n 之间的整数，每次循环输出的数就是循环变量 i 的值
     }
     return 0;
}
```

Tips

（1）把表达式 1 理解为循环的起点，表达式 2 理解为循环的终点，表达式 3 理解为循环的方向。输出从变量 n 到 1 之间的整数，示例代码如下。

```
for(i=n;i>=1;i--)        //逆序循环，即 i 从 n 开始，递减到 1 结束（包含 1）
{
```

```
    cout<<i<<" ";
}
```

（2）for 循环常用在已知循环次数的场景。

（3）改变循环变量的初始值和增量。

```
for(i=1; i<=11; i+=2) //循环变量从 1 到 11，增量为 2
for(i=15; i>=0; i-=5) //循环变量从 15 到 0，增量为 -5
for(i=m; i<=n; ++i)   //循环变量从 m 到 n，增量为 1
```

例 22.3 用 for 循环计算 1+2+3+…+*n* 的和

题目描述 使用 for 循环，计算 1+2+3+…+*n* 的和。

输入： 输入一个整数 *n*。

输出： 输出 1+2+3+…+*n* 的和。

样例输入： 100

样例输出： 5050

程序代码

```
#include <iostream>
using namespace std;
int main()
{
    int n,sum=0;
    cin>>n;
    for(int i=1;i<=n;i++)
    {
       sum+=i;
    }
    cout<<sum;
    return 0;
}
```

定义一个整型变量 sum 并初始化为 0，用于存放总和

进行 n 次循环，并累加从 1 到 n 的 n 个整数到 sum 中。这里的 i 是在 for 语句内部定义的，因此 i 只在这个 for 循环结构中有效

作业 40 计算奇数和

题目描述　使用 for 循环，计算 1+3+5+…+n 的和。

输入: 输入一个奇数 n（$1 \leqslant n<10000$）。

输出: 输出 1+3+5+…+n 的和。

样例输入: 99

样例输出: 2500

作业 41 计算平方和

题目描述　使用 for 循环，计算 $1^2+2^2+\cdots+n^2$ 的和。

输入: 输入一个整数 n（$1 \leqslant n \leqslant 200$）

输出: 输出 $1^2+2^2+\cdots+n^2$ 的和。

样例输入: 5

样例输出: 55

作业 40 的参考代码

```
#include <iostream>
using namespace std;
int main()
{
    int n,sum=0;
    cin>>n;
    for(int i=1;i<=n;i+=2)
    {
      sum+=i;
    }
    cout<<sum;
    return 0;
}
```

作业 41 的参考代码

```
#include <iostream>
using namespace std;
int main()
{
    int n,sum=0;
    cin>>n;
    for(int i=1;i<=n;i++)
    {
      sum+=i*i;
    }
    cout<<sum;
    return 0;
}
```

作业 42 计算分数序列和

题目描述 使用 for 循环，计算 $1+\frac{1}{2}+\frac{1}{3}+\cdots+\frac{1}{n}$ 的和。

输入：输入一个整数 n（$1 \leqslant n \leqslant 200$）

输出：输出 $1+\frac{1}{2}+\frac{1}{3}+\cdots+\frac{1}{n}$ 的和，结果保留三位小数。

样例输入：5

样例输出：2.283

参考代码

```
#include <iostream>
#include <iomanip>
using namespace std;
int main()
{
    double sum=0;
    int n,i;
    cin>>n;
    for(i=1;i<=n;i++)
    {
       sum+=1.0/i;
    }
    cout<<fixed<<setprecision(3)<<sum;
    return 0;
}
```

第二十三课
for 语句和 if 语句的结合使用

学习内容

✧ 在 for 循环中使用 if 语句筛选数据

语 法

给定一个范围，对范围内每个数据进行判断，找出所有符合条件的数据，可以使用 for 循环和 if 语句结合的方式进行处理。例如，输出 1~100 之间所有 3 的倍数，示例代码如下。

```
for(i=1;i<=100;i++)     //用 i 作为循环变量，从 1 到 100 进行循环
{
    if(i%3==0) cout<<i<<" ";      //在循环中判断 i 是否是 3 的倍数
}
```

列举所有的可能，从中找出符合条件的数据，这种算法称为枚举或穷举。

例 23.1 计算奇数和

题目描述 计算非负整数 $m \sim n$ 之间所有奇数的和。

输入： 输入两个整数 m 和 n（$0 \leqslant m \leqslant n \leqslant 300$），中间用空格隔开。

输出： 输出 $m \sim n$ 之间所有奇数的和。

样例输入： 7 15

样例输出： 55

程序代码

```
#include <iostream>
using namespace std;
int main()
{
    int m,n,sum=0;
    cin>>m>>n;
    for(int i=m;i<=n;i++)
    {
        if(i%2) sum+=i;
    }
    cout<<sum;
    return 0;
}
```

- int m,n,sum=0;：定义整型变量 m，n，sum 并初始化为 0，m 和 n 用于存放区间的起点和终点，sum 用于存放总和
- for(int i=m;i<=n;i++)：从 m 到 n 枚举每一个数
- if(i%2) sum+=i;：判断 i 是否为奇数，如果是奇数则将 i 累加到变量 sum 中

例 23.2 统计整数出现的次数

题目描述 从键盘读入 $k(1 < k < 100)$ 个正整数，整数在 1 ~ 10 范围内（包含 1 和 10）。计算在 k 个正整数中，1，5，10 出现的次数。

输入： 输入有两行：第一行输入一个正整数 k；第二行输入 k 个正整数，中间用空格隔开。

输出： 输出有三行：第一行为 1 出现的次数；第二行为 5 出现的次数；第三行为 10 出现的次数。

样例输入：

```
5
1 5 8 10 5
```

样例输出：

```
1
2
1
```

程序代码

```
#include <iostream>
using namespace std;
int main()
{
    int k,i,a;
    int sum1=0,sum5=0,sum10=0;
    cin>>k;
    for(i=1;i<=k;i++)
    {
       cin>>a;
       if(a==1) sum1++;
       else if(a==5) sum5++;
       else if(a==10) sum10++;
    }
    cout<<sum1<<endl;
    cout<<sum5<<endl;
    cout<<sum10<<endl;
    return 0;
}
```

定义变量 k 为数据个数，i 为循环变量，a 为每次循环读入的整数

定义三个整型变量 sum1，sum5，sum10 分别存放 1，5，10 出现的次数，即三个累加和

读入 k 个整数

判断 a 是否符合条件，符合则累加

作业 43 输出所有的三位对称数

题目描述 输出所有的三位对称数。对称数指的是一个整数 *n* 正过来和倒过来是一样的，例如，101，121，282 等。

输出：从小到大输出符合条件的三位对称数，每行一个。

样例输出： 101
111
121
131
141
151
161
171
181
191
202
212
222
232
…
999

参考代码

```
#include <iostream>
using namespace std;
int main()
{
    int i;
    for(i=100;i<=999;i++)
    {
        if(i/100 == i%10)
        {
            cout<<i<<endl;
        }
    }
    return 0;
}
```

作业 44 统计满足条件的数的个数

题目描述 从键盘读入 n 个四位数，统计其中满足以下条件的数的个数：个位数上的数减去千位数上的数，再减去百位数上的数，再减去十位数上的数的结果大于零。

输入： 输入有两行：第一行输入四位数的个数 $n(n \leqslant 100)$；第二行输入 n 个四位数。

输出： 输出一个整数，表示满足条件的四位数的个数。

样例输入： 5
1234 1349 6119 2123 5017

样例输出： 3

参考代码

```
#include <cstdio>
int main()
{
    int n,i,sum=0,t;
    int a,b,c,d;
    scanf("%d",&n);
    for(i=0;i<n;i++)
    {
       scanf("%d",&t);
       a = t/1000;
       b = (t-a*1000)/100;
       c = t%100/10;
       d = t%10;
       if(d-c-b-a>0)
       {
             sum++;
       }
    }
    printf("%d",sum);
    return 0;
}
```

第二十四课
输出最值②

学习内容

✧ 使用 for 循环在 *n* 个数中找到最大值或最小值

算　法

如果要在多个数中找到最值，可以使用 for 循环实现。例如，在 *n* 个数中找到最大值，可以新建一个变量 max 用于存放最大值。使用循环读入 *n* 个数，将每个数依次与 max 进行比较，如果这个数大于 max 则替换 max。

例 24.1 输出最高分

题目描述　输出某科期末考试成绩的最高分。

输入：输入有两行：第一行输入整数 n（$1 \leqslant n < 100$），表示参加考试的人数；第二行输入 n 个学生的成绩，中间用空格隔开。所有成绩均为 0 ～ 100 之间的整数。

输出：输出最高分。

样例输入：8
89 78 69 98 93 87 96 89

样例输出：98

程序代码

```
#include <iostream>
using namespace std;
int main()
```

```
{
    int n,i,a,max=0;
    cin>>n;
    for(i=1;i<=n;i++)
    {
       cin>>a;
       if(a>max) max=a;
    }
    cout<<max;
    return 0;
}
```

定义整型变量 max 并初始化为 0，用于存放最高分

循环 n 次

依次读入 n 个整数放入 a

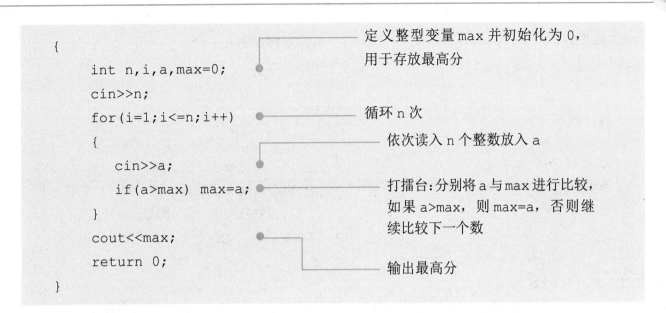

打擂台：分别将 a 与 max 进行比较，如果 a>max，则 max=a，否则继续比较下一个数

输出最高分

Tips

max 的初始值可根据数据的范围设置为数据范围的下限。例如，分数范围在 0 ~ 100 之间，将 max 初始化为 0，这样才能保证 if(a>max) 这条语句有作用。如果不初始化 max（此时会是一个随机数）或初始化的值不是数据范围的下限，很可能找到的不是最高分。

同理，如果要找出最小值 min，应将变量 min 初始化为数据范围的上限，例如，分数范围在 0 ~ 100 之间，将 min 初始化为 100。

例 24.2 计算最大跨度值

题目描述 从键盘读入 n 个不超过 1000 的非负整数序列，计算序列的最大跨度值（最大跨度值 = 最大值 - 最小值）。

输入：输入有两行：第一行输入序列的个数 n；第二行输入 n 个小于 1000 的非负整数，中间用空格隔开。

输出：输出序列的最大跨度值。

样例输入： 5

9 3 11 6 15

样例输出： 12

程序代码

```
#include <iostream>
using namespace std;
int main()
{
    int n,i,a,max=0,min=1000;
    cin>>n;
    for(i=1;i<=n;i++)
    {
        cin>>a;
        if(a>max) max=a;
        if(a<min) min=a;
    }
    cout<<max-min;
    return 0;
}
```

定义并初始化变量 max=0，min=1000 分别存放最大值和最小值，初始化的值是根据 n 的范围确定的，其实 max 初始值更小，或 min 初始值更大，并不影响结果

依次读入 n 个非负整数放入 a

a 分别与 max 和 min 打擂台，找到最大值和最小值

作业 45 计算歌唱比赛评分

题目描述 四（1）班要举行歌唱比赛，选拔唱歌好听的学生参加校歌唱比赛。评分方法：设 n 个评委，即打 n 个分数（$0 \leqslant$ 分数 $\leqslant 10$），去掉一个最高分和一个最低分，剩下分数的平均数就是该选手的最后得分。设计一个程序计算选手歌唱比赛的评分。

输入： 输入有两行：第一行输入一个整数 n（$5 \leqslant n \leqslant 10$）；第二行输入 n 个整数 a（$0 \leqslant a \leqslant 10$）。

输出： 输出选手的最后得分，结果保留两位小数。

样例输入： 5

5 6 7 8 9

样例输出： 7.00

参考代码

```
#include <iostream>
#include <cstdio>
using namespace std;
int main()
{
    int n,i,a,max=0,min=1000,sum=0;
    cin>>n;
    for(i=1;i<=n;i++)
    {
       cin>>a;
       sum+=a;
       if(a>max) max=a;
       if(a<min) min=a;
    }
    printf("%.2lf",(double)(sum-max-min)/(n-2));
    return 0;
}
```

作业 46 输出最小数的位置

题目描述 从键盘读入 n 个整数，输出这些数中的最小数的位置。

输入: 输入有两行：第一行输入一个整数 n（$n \leqslant 100$）；第二行输入 n 个整数。

输出: 输出 n 个数中最小数是第几个数，如果有多个最小数，输出第一个出现的最小数的位置。

样例输入: 5

2 1 3 4 1

样例输出: 2

参考代码

```
#include <iostream>
using namespace std;
int main()
{
    int n,i,a,min=0x3f3f3f3f,minid;
    cin>>n;
    for(i=1;i<=n;i++)
    {
        cin>>a;
        if(a<min)
        {
            min=a;
            minid=i;
        }
    }
    cout<<minid;
    return 0;
}
```

用十六进制的 0x3f3f3f3f 表示 int 型范围的最大值

第二十五课
while 循环和 do while 循环

学习内容

✧ while 循环

✧ do while 循环

语　法

C++ 的循环除了 for 循环，还有 while 循环和 do while 循环。

一、while 循环

1. while 循环的格式

```
while(表达式)
{
    循环体
}
```

执行过程如下。

（1）先计算表达式的值（即循环条件），如果循环条件为真，则执行一次循环体，接着重新回到 while 循环，继续计算表达式。

（2）如果循环条件为假，则直接跳过循环体，执行后面的语句。

2. while 语句与 if 语句和 for 语句的区别

while 语句与 if 语句的相同之处是先判断循环条件是否满足，不同之处是如果条件为真，if 语句只执行一次循环体，而 while 执行一次后会再次判断循环条件并执行循环体，直到条件为假为止。

当循环条件为真时，不断重复执行循环体，因此 while 语句被称为当型循环。

while 循环的流程图如图 3-2 所示。

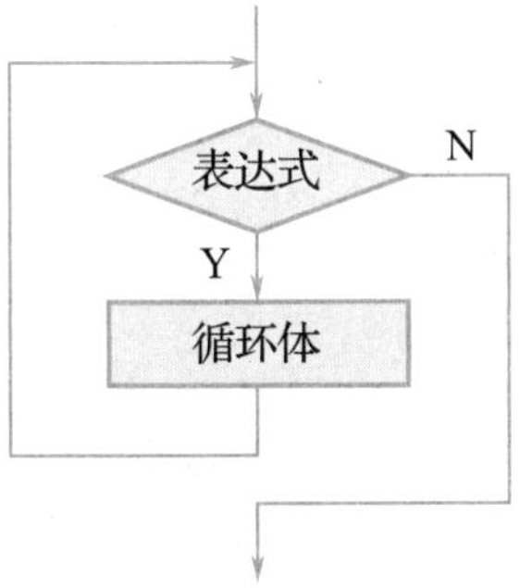

图 3-2　while 循环的流程图

while 语句只通过循环条件来决定是否进行循环，相当于 for 语句的表达式 2 的作用，当不知道循环次数时，通常使用 while 循环。

for 循环能实现的，while 循环也能实现，反之亦然，使用恰当的循环语句能使程序结构清晰、易懂。例如，当循环的起点和终点明确时，用 for 循环能清晰地表达出来；当不知道循环次数时，使用 while 循环能直观地看到循环条件。

例 25.1 用 while 循环计算 1+2+3+⋯+n 的和

题目描述 使用 while 循环，计算 1+2+3+⋯+n 的和。

- **输入：** 输入一个整数 n。
- **输出：** 输出 1+2+3+⋯+n 的和。
- **样例输入：** 100
- **样例输出：** 5050

程序代码

```
#include <iostream>
using namespace std;
int main()
{
    int n,i,sum=0;
    cin>>n;
    i=1;
    while(i<=n)
    {
       sum+=i;
       i++;
    }
    cout<<sum;
    return 0;
}
```

- int n,i,sum=0;：定义 i 为循环变量
- i=1;：在 while 循环的前面，初始化变量 i=1，相当于 for 循环的表达式 1
- while(i<=n)：while 语句的循环条件 i<=n，相当于 for 循环的表达式 2
- i++;：给循环变量增值，相当于 for 循环的表达式 3

二、do while 循环

1. do while 循环的格式

```
do{
    循环体
  }while(表达式);
```

执行过程如下。

（1）先执行一次循环体。

（2）计算表达式的值，如果循环条件为真，则继续执行循环体；如果循环条件为假，则不执行循环体而直接执行后面的语句。

> **注意**
>
> 例 25.1 用 while 循环实现了与 for 循环相同的求和功能，通过对比可以发现，在已知循环次数的情况下，使用 for 循环可以更清楚地看到循环的起点和终点。

do while 循环的流程图，如图 3-3 所示。

2. do while 语句与 while 语句的区别

while 语句先判断条件，而 do while 语句先执行一次循环体再判断条件。所以 while 语句的循环体可能一次也不执行（即一开始就判断条件为假），而 do while 语句至少会执行一次循环体。这两种语句就好像两个不同性格的人，while 语句先判断条件再决定是否进入，而 do while 语句则先进去走一次，再判断条件，while 语句更“谨慎”而 do while 语句稍显“鲁莽”。

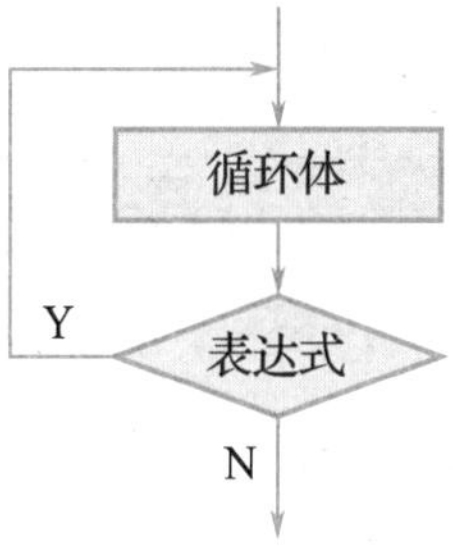

图 3-3 do while 循环的流程图

例 25.2 用 do while 循环计算 $1+2+3+\cdots+n$ 的和

程序代码

```
#include <iostream>
using namespace std;
int main()
{
```

```
    int n,i,sum=0;
    cin>>n;
    i=1;
    do
    {
       sum+=i;
       i++;
    }while(i<=n);
    cout<<sum;
    return 0;
}
```

注意

只有输入的变量 n 的值为 0 时，例 25.1 与例 25.2 的输出结果才会不同。因为 i 的初始值为 1，条件“i<=n”一开始就为假，所以在例 25.1 中循环体不执行，sum 仍然为 0；而在例 25.2 中，循环体被执行了一次后才判断条件，所以 sum+=i 执行后的值为 1，虽然之后 i<=n 的条件为假，不再执行循环，但 sum 的输出结果为 1。

例 25.3 计算一个正整数能够整除几次 2

题目描述 从键盘读入一个正整数 *n*，请问这个数能整除几次 2。例如，4 可以整除 2 次 2，100 可以整除 2 次 2，9 可以整除 0 次 2。

输入： 输入一个正整数 *n*。

输出： 输出 *n* 整除 2 的次数。

样例输入： 16

样例输出： 4

程序代码

```
#include <iostream>
using namespace std;
int main()
{
#include <iostream>
```

```
using namespace std;
int main()
{
    int n,sum=0;
    cin>>n;
    while(n%2==0)
    {
        sum++;
        n/=2;
    }
    cout<<sum;
    return 0;
}
```

如果循环条件为真，则进入循环，执行“sum++”，接着执行“n/2”，用新的 n 的值继续进行条件判断；如果循环条件为假，则循环不执行

这一步保证条件 n%2==0 在某种情况下能够为假，从而循环得以结束

输出变量 sum

Tips

while 语句的表达式是一个条件，只有真或假两种情况，所以以下代码并不表示执行 10 次循环，而是一个死循环，因为条件永远为真。

```
while(10)
{
    循环体；
}
```

作业 47　计算落地次数

题目描述　小球从 100 米高处自由落下，着地后又弹回高度的一半再落下。经过多少次落地后，小球弹起的高度才会低于 0.5 米？

输出：输出落地次数。

样例输出：8

作业 48 小明学游泳

题目描述 小明每换一次气能游 2 米，可是游的时间越长，力气越小。他每换一次气都只能游出上一段距离的 98%。小明距离目的地还有 *n* 米，他需要换多少次气才能到终点呢？

输入： 输入一个小于 100 的数字，表示要游的目标距离。

输出： 输出小明一共换气的次数。

样例输入： 4.3

样例输出： 3

作业 47 的参考代码

```
#include <iostream>
using namespace std;
int main()
{
     double a=100,sum=0;
     while(a>=0.5)
     {
        sum++;
        a/=2;
     }
     cout<<sum;
     return 0;
}
```

作业 48 的参考代码

```
#include <iostream>
using namespace std;
int main()
{
     int cnt=0;
     double n,sum=0,a=2;
     cin>>n;
     while(sum<n)
     {
        sum+=a;
        a*=0.98;
        cnt++;
     }
     cout<<cnt;
     return 0;
}
```

第二十六课
斐波那契数列和角古猜想

学习内容

- ✧ 使用循环推导斐波那契数列
- ✧ 使用循环演示角古猜想的计算过程

语　法

一、斐波那契数列

数列 1，1，2，3，5，8，13，21，34，…称为斐波那契数列（Fibonacci sequence），也称“黄金分割数列”或“兔子数列”。数列的第 1，2 项的值都是 1，从第 3 项开始，每一项都是前两项之和。

f_1，f_2，f_3 分别代表数列中连续的 3 项，则有 $f_3=f_1+f_2$，用递推的方式可以得到每项的值。斐波那契数列也可以从 0 开始，本课定义为从 1 开始。

例 26.1　输出斐波那契数列的前 30 项

题目描述　输出斐波那契数列的前 30 项。

输出：输出斐波那契数列的前 30 项，中间用逗号隔开。

输出：1，1，2，3，5，8，13，21，34，55，89，144，233，377，610，987，1597，2584，4181，6765，10946，17711，28657，46368，75025，121393，196418，317811，514229，832040

程序代码

```
#include <iostream>
#include <cstdio>
```

```
using namespace std;
int main()
{
    int i,f1,f2,f3;
    f1=f2=1;
    printf("%d,%d",f1,f2);
    for(i=3;i<=30;i++)
    {
        f3=f1+f2;
        printf(",%d",f3);
        f1=f2;
        f2=f3;
    }
    return 0;
}
```

定义变量 f1，f2，f3，分别存放循环中连续三项的值

数列前两项的值是 1，所以赋值 f1=f2=1

直接输出前两项

使用 for 循环，输出数列的第 3 ～ 30 项

计算当前项的值并输出

用 f1=f2，f2=f3 更新 f1 和 f2，以便进行下一次循环的计算

二、角古猜想

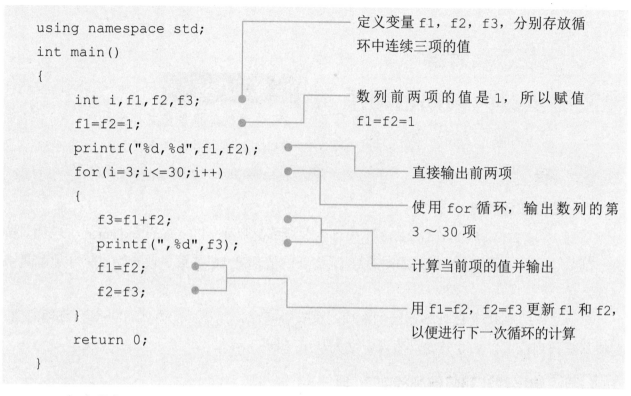

角古猜想，也称冰雹猜想，以一个正整数 n 为例，如果 n 为奇数，则将它乘 3 加 1，即 $3n+1$；如果 $3n+1$ 为偶数，则将它除以 2。不断重复这样的运算，经过有限步后，一定可以得到 1。

例 26.2 实现角古猜想

题目描述 从键盘读入一个整数 n，输出角古猜想的演变过程。

输入： 输入一个正整数 n（$n \leqslant 2\,000\,000$）。

输出： 输出角古猜想的演变过程，每一步为一行，描述具体的计算过程。最后一行输出 end。如果输入为 1，直接输出 end。

编程思路　由于不知道循环次数，可以用 while 语句模拟整个过程。对于整数 n 最终的计算结果是 1，因此循环条件可以是 n!=1，并在循环中不断更新 n 的值。

样例输入： 7

样例输出：
```
7*3+1=22
22/2=11
11*3+1=34
34/2=17
17*3+1=52
52/2=26
26/2=13
13*3+1=40
40/2=20
20/2=10
10/2=5
5*3+1=16
16/2=8
8/2=4
4/2=2
2/2=1
end
```

程序代码

```
#include <iostream>
#include <cstdio>
using namespace std;
int main()
```

```
{
    int n;
    cin>>n;
    while(n!=1)                    当 n ≠ 1 时进行循环
    {
        if(n%2==0)                 判断奇偶数
        {
            printf("%d/2=%d\n",n,n/2);
            n=n/2;
        }
        else
        {
            printf("%d*3+1=%d\n",n,n*3+1);
            n=n*3+1;
        }
    }
    cout<<"end";
    return 0;
}
```

作业 49 统计兔子的总数

题目描述 有一对兔子，从出生后第 3 个月起每个月都生一对小兔子，一对小兔子长到第三个月后每个月又生一对小兔子，假如兔子都不死，请问第 n 个月的兔子总数为多少对？

输入： 输入一个整数 n（$n \leq 50$），表示第几个月。

输出： 第 n 个月兔子的总数量有多少对？

样例输入： 9　　　　**样例输出：** 34

参考代码

```
#include <iostream>
using namespace std;
int main()
{
    int i,n;
    long long f1,f2,f3;
    cin>>n;
    f1=f2=1;
    if(n<=2)
    {
      cout<<1;
      return 0;
    }
    for(i=3;i<=n;i++)
    {
      f3=f1+f2;
      f1=f2;
      f2=f3;
    }
    cout<<f3;
    return 0;
}
```

作业 50 计算鱼游的距离

题目描述 有一条鱼，它上午游了 150km，下午游了 100km，晚上和周末都休息（实行双休日），假设从 x（$1 \leqslant x \leqslant 7$）开始算起，请问这样过了 n 天以后，这条鱼一共游了多少千米？

输入： 输入两个整数 x，n：x 表示星期几，是 1 ～ 7 之间的整数；n 表示经过的天数，是 0 ～ 1000 之间的整数。

输出： 输出鱼一共游了多少千米。

样例输入： 3 10

样例输出： 2000

参考代码

```
#include <iostream>
using namespace std;
int main()
{
      int x,n,i,sum=0;
      cin>>x>>n;
      for(i=x;i<x+n;i++)
      {
         if(i%7!=0 && i%7!=6)
         {
                sum+=250;
         }
      }
      cout<<sum;
      return 0;
}
```

第二十七课
循环嵌套

学习内容

✧ 循环嵌套

语　法

一个循环体中包含另一个循环，称为循环嵌套。循环的嵌套可以有多层，可以是 for，while，do while 语句，且可以相互嵌套。

循环嵌套的格式如下。

```
for(i=1;i<=n;i++)
{
    for(j=1;j<=m;j++)
    {
        语句;
    }
}
```

这个循环用 i 作为外层循环变量，j 作为内层循环变量，执行过程：i=1 时，执行内层循环，j 从 1 递增到 m；当内层循环结束后，回到外层，将 i 递增到 2，继续进行内层循环，直到整个嵌套循环结束。

例 27.1　输出矩形图案

题目描述　从键盘读入两个正整数 n 和 m，输出一个 n 行 m 列的“*”矩形图案。

输入： 输出两个正整数 n 和 m，中间用空格隔开。（$1 \leqslant n \leqslant 50$，$1 \leqslant m \leqslant 50$）

输出： 输出一个 n 行 m 列的“*”矩形图案。

样例输入： 4 6

样例输出：

```
******
******
******
******
```

程序代码

```
#include <iostream>
#include <cstdio>
using namespace std;
int main()
{
    int n,m,i,j;
    cin>>n>>m;
    for(i=1;i<=n;i++)
    {
        for(j=1;j<=m;j++)
        {
            cout<<"*";
        }
        cout<<endl;
    }
    return 0;
}
```

外层用 i 作为循环变量，从 1 到 n 枚举行

内层用 j 作为循环变量，从 1 到 m 枚举列

这个嵌套循环共有 n*m 次，输出一行后须换行，即当 i 在某一数值时，j 先进行 m 次循环后，i 才会增加 1

例 27.2 输出 *n* 行的九九乘法表

题目描述 从键盘读入一个整数 *n*，输出 *n* 行的九九乘法表。

例如，假设 n=5，则输出如下。

1*1=1

2*1=2 2*2=4

3*1=3 3*2=6 3*3=9

4*1=4 4*2=8 4*3=12 4*4=16

5*1=5 5*2=10 5*3=15 5*4=20 5*5=25

输入： 输入一个整数 n（$n \leqslant 9$）。

输出： 输出 n 行的九九乘法表。

样例输入： 9

样例输出：

1*1=1

2*1=2 2*2=4

3*1=3 3*2=6 3*3=9

4*1=4 4*2=8 4*3=12 4*4=16

5*1=5 5*2=10 5*3=15 5*4=20 5*5=25

6*1=6 6*2=12 6*3=18 6*4=24 6*5=30 6*6=36

7*1=7 7*2=14 7*3=21 7*4=28 7*5=35 7*6=42 7*7=49

8*1=8 8*2=16 8*3=24 8*4=32 8*5=40 8*6=48 8*7=56 8*8=64

9*1=9 9*2=18 9*3=27 9*4=36 9*5=45 9*6=54 9*7=63 9*8=72 9*9=81

程序代码

```
#include <iostream>
#include <cstdio>
using namespace std;
int main()
{
```

```
    int n,i,j;
    scanf("%d",&n);
    for(i=1;i<=n;i++)
    {
        for(j=1;j<=i;j++)
        {
            printf("%d*%d=%d",i,j,i*j);
        }
        printf("\n");
    }
    return 0;
}
```

输入一个整数 n，要输出 n 行，每行项目数并不固定，取决于行号 i，九九乘法表是个三角形，所以外层用 i 作为循环变量，从 1 到 n 进行枚举

内层用 j 作为循环变量，从 1 到 i 进行枚举

例 27.3 解决百钱买百鸡问题

题目描述 百钱买百鸡问题：公鸡 5 元一只，母鸡 3 元一只，小鸡 1 元三只，用 100 元刚好买 100 只鸡，可以买公鸡、母鸡、小鸡各多少只？

输出：输出公鸡、母鸡、小鸡的数量，中间用空格隔开。如果购买方案有多种情况，则每种情况各占一行，按公鸡数量由大到小的顺序排列。

输出：0 25 75
4 18 78
8 11 81
12 4 84

程序代码

```
#include <iostream>
using namespace std;
int main()
{
    int x,y,z;
    for(x=0;x<=100/5;x++)
    {
        for(y=0;y<=100/3;y++)
        {
            z=100-x-y;
            if(x*5+y*3+z/3==100 && z%3==0)
            {
                cout<<x<<" "<<y<<" "<<z<<endl;
            }
        }
    }
    return 0;
}
```

定义三个整型变量 x，y，z，分别存放公鸡、母鸡、小鸡的数量

x 为公鸡的数量，从 0 到 100/5 递增

y 为母鸡的数量，从 0 到 100/3 递增

z 为小鸡的数量，z=100-x-y

判断三者价钱的总和是否为 100，且 z 须是 3 的倍数

条件满足，则输出找到的方案

Tips

双层嵌套循环的循环次数是两层循环次数的乘积。嵌套循环也可以是三层、四层，随着层次的增加，循环次数会大幅增加，从而程序执行时间加长。算法就是要研究如何选择准确且更快的方式实现需求。

作业 51 输出字符图形

题目描述 从键盘读入一个整数 *n*，输出由数字组成的等腰三角形。

输入： 输入一个整数 *n*（0<*n*<10）。

输出： 输出由数字组成的等腰三角形。

样例输入： 3

样例输出：

```
  1
 123
12345
```

参考代码

```
#include<bits/stdc++.h>
using namespace std;
int main()
{
    int i,j,n;
    cin>>n;
    for(i=1;i<=n;i++)
    {
       for(j=1;j<=n-i;j++)
       {
             cout<<" ";
       }
       for(j=1;j<=2*i-1;j++)
       {
             cout<<j;
       }
       cout<<endl;
    }
    return 0;
}
```

作业 52 将 n 拆成三个数之和

题目描述 从键盘读入一个整数 n，将 n 拆成三个数之和（不含 0），拆分方案不能重复。例如，10=1+2+7 和 10=2+1+7 属于同一个方案。

输入： 输入一个整数 n（$n \leqslant 1000$）。

输出： 输出拆分方案，每行一个算式。

样例输入： 10

样例输出：

10=1+1+8
10=1+2+7
10=1+3+6
10=1+4+5
10=2+2+6
10=2+3+5
10=2+4+4
10=3+3+4

参考代码

```
#include <iostream>
#include <cstdio>
using namespace std;
int main()
{
     int n,i,j,k;
     cin>>n;
     for(i=1;i<=n;i++)
     {
        for(j=i;j<=n;j++)
        {
              k=n-i-j;
              if(j>=i  &&  k>=j)
              {
                     printf("%d=%d+%d+%d\n",n,i,j,k);
              }
        }
     }
     return 0;
}
```

第二十八课
break 语句和 continue 语句

学习内容

✧ break 语句

✧ continue 语句

语　法

在循环结构中，有时需要提前跳出循环体结束循环，或是提前结束本次循环，C++ 提供了 break 和 continue 语句来实现这样的功能。

一、break 语句

当循环体中遇到 break 语句时，程序会立即跳出循环体结束当前循环，接着执行循环体后面的语句。

break 语句只能跳出一层循环体，如果是在嵌套循环中的 break 语句，则跳出它所在的那一层循环。

例 28.1 break 语法练习

输出： 1 2 end

程序代码

```
#include <iostream>
using namespace std;
int main()
{
        int i;                        // 定义 i 为循环变量
        for(i=1;i<=20;i++)            // 从 1 ～ 20 依次枚举
```

```
    {
        if(i%3==0)
        {
            break;
        }
        cout<<i<<" ";
    }
    cout<<"end"<<endl;
    return 0;
}
```

当条件为真时，执行 break 语句，当 i 为 1 和 2 时，不满足条件，则输出 1 和 2；当 i 为 3 时，条件满足，执行 break 语句提前结束循环

二、continue 语句

当循环体中遇到 continue 语句时，程序会跳过本循环体中位于 continue 语句之后的语句，继续进行下次循环。

从语句字面来看，break 的意思是打破，所以循环会立即结束；而 continue 的意思是继续，其功能上是结束这一次循环转而继续下一次循环。

例 28.2　continue 语法练习

题目描述　将例 28.1 程序代码中的 break 换成 continue，观察输出结果。

输出： 1 2 4 5 7 8 10 11 13 14 16 17 19 20 end

程序代码

```
#include <iostream>
using namespace std;
int main()
{
```

```
    int i;
    for(i=1;i<=20;i++)
    {
        if(i%3==0)
        {
                continue;
        }
        cout<<i<<" ";
    }
    cout<<"end"<<endl;
    return 0;
}
```

条件为真时，即 i 是 3 的倍数时，将不执行循环体处于 continue 之后的语句，转而进入下一次循环，所以所有 3 的倍数没有被输出

把if语句中的break换成continue后，输出结果会发生变化

Tips

break 语句和 continue 语句的区别：

（1）continue 语句只结束本次循环，而不是终止整个循环的执行。

（2）break 语句结束整个循环过程，不再判断执行循环的条件是否成立。

例 28.3 判断素数

题目描述 从键盘读入一个整数，判断它是否为素数。如果是则输出 yes, 如果不是则输出 no。素数（prime number）又称质数，即在大于 1 的自然数中，除了 1 和它本身以外不再有其他因数的自然数。

输入： 输入一个整数 n（$2 \leqslant n \leqslant 100\,000$）。

输出： 如果 n 是素数则输出 yes，否则输出 no。

样例输入： 97

样例输出： yes

程序代码

```
#include <iostream>
using namespace std;
int main()
{
    int i,n,flag=1;
    cin>>n;
    for(i=2;i<n;i++)
    {
        if(n%i==0)
        {
            flag=0;
            break;
        }
    }
    if(flag) cout<<"yes";
    else cout<<"no";
    return 0;
}
```

定义循环变量 i；定义变量 flag 并初始化为 1，用于判断是否是素数的标志，flag=1 表示是素数，flag=0 表示不是素数

将 i 从 2 到 n-1 枚举，判断其是否是 n 的因子

如果 flag=0，判断 n 一定不是素数，并立即执行 break 结束循环

如果程序运行到循环体结束的位置，有两种可能：第一种是找到因子，执行了 break 语句；第二种是没有找到因子，意味着 n 是素数

作业 53 解决韩信点兵问题

题目描述 韩信有一队士兵，他想知道有多少人，他就让士兵报数，如果按照 1 ～ 5 报数，最末一个士兵报的数为 1；按照 1 ～ 6 报数，最末一个士兵报的数为 5；按照 1 ～ 7 报数，最末一个士兵报的数为 4；最后再按 1 ～ 11 报数，最末一个士兵报的数为 10，请问韩信这

队士兵最少有多少人？

输出： 输出这队士兵最少有多少人。

输出： 2111

作业 54 输出最大约数

题目描述 输出 555 555 的约数中最大的三位数。

输出： 输出约数中最大的三位数。

输出： 777

作业 53 的参考代码

```
#include <iostream>
using namespace std;
int main()
{
    int i;
    for(i=1;;i++)
    {
       if(i%5==1 && i%6==5
       && i%7==4 && i%11==10)
       {
           cout<<i;
           break;
       }
    }
    return 0;
}
```

作业 54 的参考代码

```
#include <iostream>
using namespace std;
int main()
{
    int i;
    for(i=999;i>=100;i--)
    {
       if(555555%i==0)
       {
           cout<<i;
           break;
       }
    }
    return 0;
}
```

第二十九课 数位分离②

学习内容

✧ 用 while 循环分离任意位数的整数数位

算　法

我们已经掌握对已知位数的整数进行数位分离，那么如果不确定整数的位数，可以使用 while 循环来实现数位分离，分离的原理如下。

（1）对整型变量 n，首先判断 n 是否为 0，如果为 0 则结束循环。

（2）如果 n 不为 0，则用 `n%10` 取得个位上的值，然后用 `n/=10` 将 n 更新后，回到步骤（1）。

示例代码如下。

```
while(n)
{
    用 n%10 取得个位进行相应处理；
    n/=10;
}
```

例 29.1 计算数位和

题目描述　从键盘读入一个正整数 n，计算它的各位数字之和。

输入：输入一个正整数 n（$0 \leqslant n \leqslant 2\ 147\ 483\ 647$）。

输出：输出正整数 n 各位上的数字之和。

样例输入：35

样例输出：8

程序代码

```
#include <iostream>
using namespace std;
int main()
{
    int n,sum=0;          // 定义整型变量n，定义整型变量 sum 并初始化为 0，用于存放数位和
    cin>>n;
    while(n)
    {
        sum+=n%10;        // 将当前的个位数值加到数位和中
        n/=10;            // 更新 n 的值后回到循环体最前面继续取个位的值。“n/=10”的操作，看上去就是把整个数右移一位，将个位“推出去”
    }
    cout<<sum;
    return 0;
}
```

例 29.2 翻转数字

题目描述 从键盘读入一个整数，请将该数各数位上的数字翻转得到一个新数。新数也应满足整数的常见形式，即除非给定的原数为零，否则反转后得到的新数的最高位数字不应为零，例如，输入 -380，翻转后得到的新数为 -83。

输入： 输入一个整数 n（$-10^9 \leqslant n \leqslant 10^9$）。

输出： 输出翻转后的新数。

样例输入： -380

样例输出： -83

程序代码

```
#include <iostream>
using namespace std;
int main()
{
    int n,m=0;
    cin>>n;
    if(n<0)
    {
        cout<<"-";
        n=-n;
    }
    while(n)
    {
        m=m*10+n%10;
        n/=10;
    }
    cout<<m;
    return 0;
}
```

定义整型变量 n 存放读入的整数，m 存放需要输出的逆序数并初始化为 0

如果 n 是负数，则须先输出一个负号

将 n 转换为正数

使 m 成为 n 的逆序数

Tips

（1）如果 n 是非负整数，也可以用 while(n>0) 来实现数位分离。

（2）循环体最后一句 n/=10 不可以写成 n/10，n 没有变化会造成死循环。

作业 55 统计数字 2 出现的次数

题目描述 从键盘读入两个不相等的正整数，统计这两个数之间所有整数中出现数字 2 的次数（统计范围包含这两个数）。

输入： 输入两个正整数 *n* 和 *r*，中间用空格隔开。

输出： 输出数字 2 出现的次数。

样例输入： 2 22

样例输出： 6

参考代码

```
#include <iostream>
using namespace std;
int main()
{
    int i,n,r,sum=0;
    cin>>n>>r;
    for(i=n;i<=r;i++)        // 枚举 n ～ r 之间所有的整数
    {
        int t=i;             // 将 i 暂存到 t
        while(t)
        {
            if(t%10==2) sum++;
            t/=10;
        }
    }
    cout<<sum;
    return 0;
}
```

作业 56 输出比当前数大的最小回文数

题目描述 从键盘读入一个数 x，求比 x 大的最小回文数。将一个数各数位上的数字反向排列，得到的数字不变，则称这个数为“回文数”，例如，12321 和 11 都是回文数。

输入： 输入一个正整数 x ($x > 1$)。

输出： 输出比 x 大的最小回文数。（回文数 $\leqslant 10^9$）

样例输入： 12300

样例输出： 12321

参考代码

```
#include <iostream>
using namespace std;
int main()
{
    int x,a,i,m;
    cin>>x;
    while(1)
    {
        x++;
        a=x;
        m=0;
        while(a>0)
        {
            m=m*10+a%10;
            a/=10;
        }
```

```
        if(m==x)                    判断 x 是否
        {                           为回文数
            cout<<x;
            return 0;
        }
    }
    return 0;
}
```

第四章　数组

整型、浮点型、字符型等都是基本的数据类型，可以用变量来保存，但在有些场景，仅靠变量来处理问题是不够的。

例如，有这样一个需求，依次读入三个数，再将它们逆序输出，例如，读入 2 5 8，输出 8 5 2。

显然，对于逆序输出这个需求，我们要先将数据存放下来，因为后面的数是要先输出的。

可以新建三个变量 a，b，c，分别存放这三个数，并以 c，b，a 的顺序输出即可。

但如果有 30 个数，甚至 3000 个数，那岂不是要新建 30 个或 3000 个变量?

例如，要分析处理 1000 个学生的成绩，难道要建 1000 个变量吗?

对这些相同类型的变量，C++ 语言提供了数组这种数据结构。

数组包括一维数组、二维数组和多维数组，是一组相同类型变量的有序序列。本章学习用数组存放数据。

第三十课 一维数组

学习内容

- ✧ 一维数组的定义和初始化
- ✧ 一维数组元素的访问
- ✧ 数组越界

语 法

数组是一种用于存放数据的结构，其中一维数组是最简单的，可以把一维数组想象成一列按顺序依次排好的盒子。

数组必须先定义后使用。

一、一维数组的定义

1. 一维数组的格式

类型名 数组名 [常量表达式];

➢ 类型名：数组的类型，可以是 int，long long，double，char 等基本数据类型，也可以是自定义的数据类型，例如，结构体。

➢ 数组名：数组的名称。数组的命名规则与标识符的命名规则相同。

➢ 常量表达式：表示数组的长度，即盒子的数量，必须是常量。

2. 一维数组的示例

```
int a[10];          // 定义一个长度为 10 的整型数组 a
double b[20];       // 定义一个长度为 20 的双精度浮点型数组 b
char c[40];         // 定义一个长度为 40 的字符型数组 c
bool d[5*10];       // 定义一个长度为 50 的布尔型数组 d
```

使用宏定义或 const 限定符可以定义数组的长度，这种定义的好处是便于修改，增加程序的可读性，示例代码如下。

```
#define MAXN 100          // 宏定义常量并初始化为 100
const int N=50;           // 定义常量并初始化为 50
int a[MAXN];              // 定义整型数组 a，长度为 MAXN(100)
double b[N];              // 定义浮点型数组 b，长度为 N(50)
```

二、一维数组的访问

定义一个一维数组后，C++ 编译器会在内存中开一个连续的空间提供给这个数组。

例如，“`int a[10];`”表示长度为 10 的整型数组 a，其结构如图 4-1 所示。

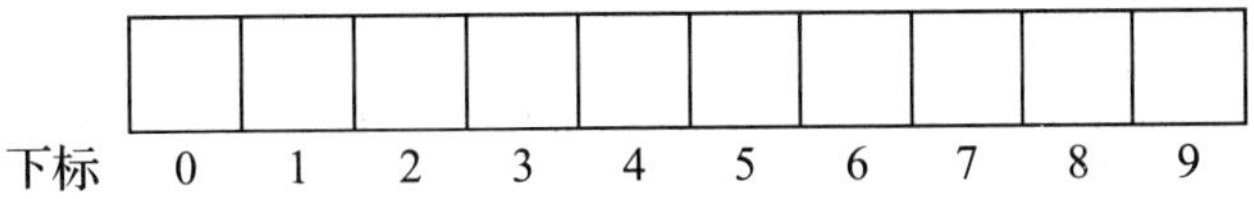

图 4-1　数组 a 的结构

共有 10 个用于存放 int 型变量的盒子，每个盒子称为一个“元素”。它们的编号为 0 ～ 9，称为“下标”，盒子里存放的是元素的值。

一维数组元素的访问格式如下。

数组名 [下标]

这个数组的 10 个元素分别为 a[0]，a[1]，a[2]，…，a[9]，每个元素都是一个 int 型变量。

三、一维数组的初始化

一维数组可以在定义的同时设置初始值，示例代码如下。

```
int a[10]={1,2,3,4,5,6,7,8,9,10};
```

初始化的结果如图 4-2 所示。

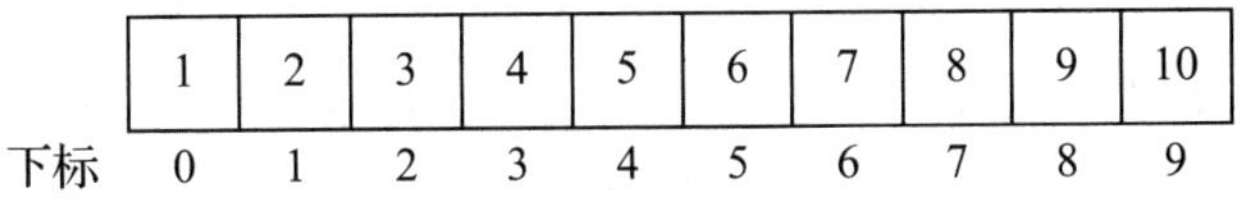

图 4-2　数组定义和初始化

初始化后，a[0]=1，a[1]=2，…，a[9]=10。

花括号中的数据个数不能超过定义的数组长度，如果小于数组长度，则把初始的数据放在数组前方，其他位置初始化为 0，示例代码如下。

```
int a[10]={1,2,3,4};  // 等效于 int a[10]={1,2,3,4,0,0,0,0,0,0};
int a[10]={0};        // 等效于 int a[10]={0,0,0,0,0,0,0,0,0,0};
int a[10]={1};        // 等效于 int a[10]={1,0,0,0,0,0,0,0,0,0};
```

如果定义和初始化数组时省略数组大小，则编译器会按照初始化列表中的数据个数自动分配数组大小，示例代码如下。

```
int a[]={1,2,3,4,5};  // 数组 a 的大小为 5
```

四、数组越界

程序运行时访问的数组元素并不在数组的存储空间内，称为数组越界，写程序时要避免越界。也就是说，数组元素的下标，必须是一个非负整数，且下标的值必须在数组定义的范围之内，示例代码如下。

```
int a[10],b;// 数组 a 的下标范围是 0~9
a[0]=-1;      // 合法
b=a[9];       // 合法
a[10]=5;      // 越界，不存在 a[10] 这个元素
a[-1]=0;      // 越界，下标为负数
b=a[15];      // 越界，不存在 a[15] 这个元素
```

注意

数组越界的代码在编译时并不会有错误提示，但在程序执行时会出现运行错误（Run Error）。一般不会直接写出 a[-1] 这样的代码，但当下标为一个表达式时，例如，“a[i-1]”，此时就要确保 i 不能为 0，否则下标有可能成为负数。

例 30.1 计算总分和平均分

题目描述 已知某小组八名学生的成绩，求总分和平均分。

输出: 输出总分和平均分，保留一位小数，中间用空格隔开。

输出: 749 93.6

程序代码

```
#include <iostream>
#include <cstdio>
using namespace std;
int main()
{
    inti,sum=0,a[8]={90,88,92,94,97,89,99,100};
    for(i=0;i<8;i++)
    {
        sum+=a[i];
    }
    printf("%d %.1lf",sum,sum/8.0);
    return 0;
}
```

定义并初始化数组 a 存放八名学生的成绩；定义并初始化变量 sum 存放总分

遍历数组中的每个元素，元素的下标是 0~7，因此条件为 i<8，也可以用 i<=7，但不可用 i<=8，否则会造成越界

将每个元素的值累加到 sum 中

输出总分和平均分

例 30.2 逆序输出数组

题目描述　从键盘读入 n 个整数，将其逆序输出。

输入: 输入有两行：第一行输入一个整数 n（$3 \leqslant n \leqslant 100$），表示要输入整数的个数；第二行输入 n 个整数，中间用空格隔开，整数在 $0 \sim 10^6$ 范围内。

输出: 输出逆序后的数组，整数之间用空格隔开。

样例输入： 5

1 2 3 4 5

样例输出： 5 4 3 2 1

程序代码

```
#include <iostream>
#include <cstdio>
using namespace std;
int a[102];
int main()
{
    int n,i;
    cin>>n;
    for(i=1;i<=n;i++)
    {
        cin>>a[i];
    }
    for(i=n;i>=1;i--)
    {
        cout<<a[i]<<" ";
    }
    return 0;
}
```

- int a[102];：定义一维整型数组 a，为了保证数组有足够的空间，设置数组 a 的长度为 102
- cin>>n;：读入整数的个数 n
- for(i=1;i<=n;i++)：读入 n 个数，从下标 1 开始存放，即 a[1]~a[n]
- for(i=n;i>=1;i--)：逆序输出 n 个数，从 a[n] 开始到 a[1] 结束

注意

在这个代码中，数组 a 的定义放在 main() 函数的外部，称为全局变量；如果放在 main() 函数的内部，则称为局部变量。定义数组时只有设置成全局变量，数组长度才可以较大，如果设置成局部变量，数组较大时会造成程序运行异常。

Tips

（1）数组元素的下标从 0 开始，第一个元素的下标是 0，如果第一个元素的下标是 1 会更符合我们的习惯，所以可以选择从下标 1 开始存放数组元素，下标 0 的那个位置空着不用。那么，有 10 个元素要存放，定义数组长度为 10 就不够了，必须更长一些。在开数组时，根据题目给的数据规模（有多少数据需要存放），让数组长度稍大一些。一般来说，如果数据规模是 n，开的数组长度至少为 $n+2$。

（2）数组是用来存放数据的，哪些情形需要数组，哪些情形不需要数组，要根据题目描述分析。

例 30.3　输出与指定数字相同的数的个数

题目描述　输出一个整数序列中与指定数字相同的数的个数。

输入： 输入有三行：第一行输入一个整数 n（$n \leqslant 100$），表示整数序列的长度；第二行输入 n 个整数，整数之间用空格隔开；第三行输入一个整数，表示指定的数字 m。

输出： 输出 n 个数中与 m 相同的数的个数。

样例输入：
```
5
3 4 5 3 2
3
```

样例输出：
```
2
```

程序代码

```
#include <iostream>
using namespace std;
int a[105];                    // 定义并初始化长度为 105 的数组 a
```

```
int main()
{
    int i,n,m,sum=0;
    cin>>n;
    for(i=1;i<=n;i++) cin>>a[i];
    cin>>m;
    for(i=1;i<=n;i++)
    {
       if(a[i]==m) sum++;
    }
    cout<<sum;
    return 0;
}
```

枚举数组的每个元素，逐个判断是否与 m 相等，如果相等，sum 累加 1 再赋值给 sum

注意

因为要判断的数 *m* 是最后读入的，所以无法边读边判断输入的 *n* 个数是否与 *m* 相等，必须先把 *n* 个数存放到数组中，再进行判断。如果 *m* 在 *n* 个数的前面出现，则不需要创建数组。

作业 57 陶陶摘苹果

题目描述 陶陶家的院子里有一棵苹果树，每到秋天树上会结 10 个苹果。苹果成熟的时候，陶陶就会跑去摘苹果。陶陶有个 30 厘米的板凳，当她不能直接用手摘到苹果的时候，就会踩到板凳上再试试。现在已知 10 个苹果距离地面的高度、板凳的高度，以及陶陶把手伸直能够达到的最大高度，请帮陶陶算一下她能够摘到的苹果的个数。假设她碰到苹果，苹果就会掉下来。

输入: 输入有两行：第一行输入 10 个整数（100 ≤整数≤ 200），分别表示 10 个苹果距离地面的高度（单位：厘米），中间用空格隔开；第二行输入一个整数（100 ≤整数≤ 120），表示陶陶把手伸直时能够达到的最大高度（单位：厘米）。

输出: 输出一个整数，表示陶陶能够摘到的苹果的个数。

样例输入: 100 200 150 140 129 134 167 198 200 111
110

样例输出: 5

参考代码

```
#include <iostream>
using namespace std;
int a[12];
int main()
{
    int i,sum=0,h;
    for(i=1;i<=10;i++) cin>>a[i];
    cin>>h;
    for(i=1;i<=10;i++)
    {
        if(h+30>=a[i]) sum++;
    }
    cout<<sum;
    return 0;
}
```

作业 58 统计数字出现的次数

题目描述 从键盘读入 n 个数，统计数字 m 出现的次数，并输出 m 第一次出现的位置。

输入： 输入 $n+2$ 行数据：第一行输入一个数字 n（$n \leqslant 100\,000$）；接下来输入 n 行，每行一个整数；最后一行输入要找的数字 m。

输出： 输出 m 第一次出现的位置和 m 出现的次数。如果没有找到 m，位置输出 0，次数输出 0。

样例输入： 5

52

18

18

654

18

18

样例输出： 2 3

参考代码

```
#include <iostream>
using namespace std;
int a[100005];
int main()
{
    int i,n,m,sum=0,idx=0;
    cin>>n;
    for(i=1;i<=n;i++) cin>>a[i];
    cin>>m;
    for(i=n;i>=1;i--)
    {
      if(a[i]==m)
      {
            sum++;
            idx=i;
      }
    }
    cout<<idx<<" "<<sum;
    return 0;
}
```

第三十一课 输出最值③

学习内容

- ✧ 查找数组中的最大值和最小值
- ✧ 输出数组中最大值和最小值的位置

算　法

如果只是找最值不需要数组，在循环中查找即可。但在某些题目描述中，有时需要用数组存放数据。

例 31.1 输出最大值的位置

题目描述　输出 n 个数中最大数的位置，若有多个最大数则输出所有数的位置。

输入：输入有两行：第一行输入一个整数 n（$3 \leqslant n \leqslant 10$）；第二行输入用空格隔开的 n 个数，数值范围：-1000 ～ 1000。

输出：输出若干行，每行只输出一个数，表示最大数的位置。

样例输入：
```
5
1 2 6 3 6
```

样例输出：
```
3
5
```

程序代码

```
#include<iostream>
using namespace std;
int a[12];
int main()
{
```

```
    int n,i,maxx=-1000;
    cin>>n;
    for(i=1;i<=n;i++)
    {
        cin>>a[i];
        if(a[i]>maxx)
        {
            maxx=a[i];
        }
    }
    for(i=1;i<=n;i++)
    {
        if(a[i]==maxx)    cout<<i<<endl;
    }
    return 0;
}
```

- int n,i,maxx=-1000;：定义变量 maxx 存放最大值并初始化为数值下限
- 第一个 for(i=1;i<=n;i++)：要求输出的位置从 1 开始，所以从下标 1 开始存放读入的数据
- if(a[i]>maxx)：通过打擂台求最大值
- 第二个 for(i=1;i<=n;i++)：再枚举一次数组
- if(a[i]==maxx) cout<<i<<endl;：如果 a[i]==maxx，输出最大值的位置，即下标 i

注意

因为最大值可能不止一个，所以要用到数组，将数组元素与最大值进行比较来找到最大值的位置。

例 31.2 换位置

题目描述 体育课上，学生们站成一队，体育老师请身高最高和最低的同学调换位置（假设所有人的身高都不一样），其余的同学不动。

输入：输入有两行：第一行输入一个整数 n（$n \leqslant 100$），表示该班级的总人数；第二行输入 n 个数，表示每个学生的身高。（单位：厘米）

输出：输出调换位置后的结果。

样例输入：5

150 151 167 155 149

样例输出：150 151 149 155 167

程序代码

```
#include <iostream>
using namespace std;
int a[105];
int main()
{
    int n,i,maxx=0,maxid,minn=10000000,minid;   // 定义maxid存放最大值的下标，minid存放最小值的下标
    cin>>n;
    for(i=1;i<=n;i++)   // 读入数组
    {
        cin>>a[i];
    }
    for(i=1;i<=n;i++)   // 再枚举一次数组
    {
        if(a[i]>maxx)
        {
            maxx=a[i]; maxid=i;   // 保存最大值的下标
        }
        if(a[i]<minn)
```

```
        {
            minn=a[i]; minid=i;        保存最小值的下标
        }
    }
    a[minid]=maxx;                     交换
    a[maxid]=minn;                     交换
    for(i=1;i<=n;i++) cout<<a[i]<<" ";    输出数组
    return 0;
}
```

Tips

要注意 maxx 和 minn 的初始值：读入所有数据到数组后，将第一个数组元素设为 maxx 和 minn，并将 maxid 和 minid 都设置为 1。

作业 59 计算最贵商品和最便宜商品的个数

题目描述 小明去超市买了 n 件商品，每件商品的价格都是整数且价格不会全都一样，小明想知道这 n 件商品中，最贵的和最便宜的商品分别有几个。

输入： 输入有两行：第一行输入一个整数 n（$n \leqslant 100$）；第二行输入 n 个整数，中间用空格隔开。

输出： 输出两个整数，中间用空格隔开：第一个整数表示最贵的商品的个数，第二个整数表示最便宜的商品的个数。

样例输入：
```
6
12 3 3 15 34 17
```

样例输出：
```
1 2
```

参考代码

```
#include<iostream>
using namespace std;
int a[105];
int main()
{
    int i,n,cnt=1,cnt2=1,maxx=0,minn=99999999;
    cin>>n;
    for(i=1;i<=n;i++)
    {
       cin>>a[i];
       if(a[i]>maxx)
       {
            maxx=a[i];
            cnt=1;
       }
       else if(a[i]==maxx)
       {
            cnt++;
       }
       if(a[i]<minn)
       {
            minn=a[i];
            cnt2=1;
       }
       else if(a[i]==minn)
       {
```

```
            cnt2++;
        }
    }
    cout<<cnt<<" "<<cnt2;
    return 0;
}
```

作业 60 计算客户应付的金额

题目描述 新华书店准备周末举办一个打折活动，活动打折方案如下。

（1）最贵的一本书先打九折，如果最贵的书有多本，那么只有一本可以打折。

（2）在方案（1）的基础上，按照客户买书的总价再打九折，最后的总价保留一位小数。

例如，张芳同学买了五本书，五本书的价格分别为 109 元，98 元，109 元，25 元，30 元，那么按照书店的折扣方案，张芳同学应付的总金额为 $(109\times0.9+98+109+25+30)\times0.9=324.09$（元），结果保留一位小数，则付款金额为 324.1 元。

请编写一个程序，帮助书店计算客户最后应付的金额。

输入： 输入有两行：第一行输入一个整数 n（$n\leqslant100$），表示客户买书的数量；第二行输入 n 个整数，表示 n 本书的单价。

输出： 输入客户最后应付的金额。

样例输入：
```
5
109 98 109 25 30
```

样例输出： 324.1

参考代码

```
#include<iostream>
#include<iomanip>
using namespace std;
double a[105],sum;
int main()
{
    int n,i,maxx=0;
    cin>>n;
    for(i=1;i<=n;i++)
    {
       cin>>a[i];
       if(a[i]>maxx)
            maxx=a[i];
            sum+=a[i];
    }
    cout<<fixed<<setprecision(1)<<(sum-maxx+maxx*0.9)*0.9;
    return 0;
}
```

第三十二课
数据的读入和存放技巧

学习内容

✧ 如何读取没有给出个数的数据并放入数组

语 法

数据的读入有两种情况。第一种情况是给出要输入的数据个数 n，这样在读入数据时会先输入 n，第二行跟着输入 n 个数，格式如下。

5

8 4 2 1 6

> **注意**
>
> 第一行输入一个正整数 5，后面跟着 5 个数。读取这样的数据，应先读入 n（5），再用 for 语句做一个 n 次的循环，每次循环读入一个数即可

第二种情况是不给出 n，并且有时需要在读入的数据中筛选符合要求的数据再放入数组，示例场景如下。

（1）直接给出一组数据。例如，8 4 2 1 6，要将 8 4 2 1 6 放入数组。

（2）指定某个值为结束标志。例如，8 4 2 1 6 0（以 0 为结束标志），须将 8 4 2 1 6 放入数组。

（3）给出一组数据，筛选出其中的偶数，例如，3 5 7 8 2 9 1 6 0 4，须将 8 2 6 0 4 放入数组。筛选出的偶数个数是未知的，所以要做一个计数器，并以计数器作为下标将数据保存到数组中。

例 32.1 逆序输出①

题目描述 从键盘读入 n（$n \leqslant 100$）个数，逆序输出这 n 个数。

输入：输入 n 个数，中间用空格隔开。

输出：逆序输出 n 个数，中间用空格隔开。

输出：1 2 3 4 5 6
^Z
6 5 4 3 2 1

在 Windows 系统下运行 Dev C++ 时，输入 1 2 3 4 5 6 后单击回车键，并没有反应，此时要再按组合键 Ctrl+Z，然后再单击回车键。

程序代码

```
#include <iostream>
using namespace std;
int a[105];
int main()
{
    int i,x,n=0;              // 定义整型变量 n 为计数器并初始化为 0
    while(cin>>x)             // 如果读入数据（条件为真），则进入循环体
    {
        n++;                  // 从数组的下标 1 开始存放
        a[n]=x;               // 将 n 作为下标，把 x 放入数组 a。循环结束时，数组 a 中数据的个数就是 n
    }
    for(i=n;i>=1;i--) cout<<a[i]<<" ";   // 将数组元素按下标从 n 到 1 逆序输出
    return 0;
}
```

Tips

以下三条语句的顺序和 n 的初始值，决定了从哪个下标开始存放数组元素，以及存放结束后的数据个数。

```
n=0;// 从下标 1 开始存放
while(cin>>x)
    n++;
    a[n]=x;// 数据个数为 n
}
```

```
n=1;// 从下标 1 开始存放
while(cin>>x)
{
    a[n]=x;
    n++;// 数据个数为 n-1
}
```

```
n=0;// 从下标 0 开始存放
while(cin>>x)
{
    a[n]=x;
    n++;// 数据个数为 n
}
```

例 32.2 逆序输出②

题目描述 从键盘读入 n（$n \leqslant 100$）个数，以 -1 作为结束标志，逆序输出这 n 个数。

输入： 输入 n 个数，以 -1 结尾，中间用空格隔开。

输出： 逆序输出 n 个数，中间用空格隔开。

样例输入： 1 2 3 4 5 6 -1

样例输出： 6 5 4 3 2 1

程序代码

```
#include <iostream>
using namespace std;
```

```
int a[105];
int main()
{
    int i,x,n=0;
    while(cin>>x)
    {
        if(x==-1) break;
        n++;
        a[n]=x;
    }
    for(i=n;i>=1;i--) cout<<a[i]<<" ";
    return 0;
}
```

本例与 32.1 唯一不同的是，指定了结束标志 -1，所以要在 while 循环中进行判断，如果读到 -1，则结束循环

例 32.3 区分奇数和偶数

题目描述 从键盘读入 n（$1 < n < 30$）个整数，将其中的奇数和偶数分别显示出来。

输入： 输入有两行：第一行输入一个整数 n；第二行输入 n 个整数，中间用空格隔开。

输出： 输出有两行：第一行输出若干个奇数；第二行输出若干个偶数，两数之间用空格隔开。

样例输入： 10
21 12 33 43 59 68 77 18 19 40

样例输出： 21 33 43 59 77 19
12 68 18 40

程序代码

```
#include <iostream>
using namespace std;
int odd[35],even[35];
int main()
{
    int n,i,a,b=0,c=0;
    cin>>n;
    for(i=0;i<n;i++)
    {
       cin>>a;
       if(a%2)
       {
            odd[b]=a;b++;
       }
       else
       {
            even[c]=a;c++;
       }
    }
    for(i=0;i<b;i++) cout<<odd[i]<<" ";
    cout<<endl;
    for(i=0;i<c;i++) cout<<even[i]<<" ";
    return 0;
}
```

奇数和偶数是分开输出的，奇数一行偶数一行，所以要先存放到数组中，定义数组 odd 存放奇数，even 存放偶数

定义 b 为 odd 的计数器，c 为 even 的计数器

循环 n 次，每次读入一个数放入 a 中，并判断 a 是奇数还是偶数，再根据情况分别放入 odd 或 even 数组中

判断 a 是否为奇数

先放后加，表示从数组下标 0 开始存放数据，所以输出时也从 0 开始

作业 61　计算立定跳远成绩

题目描述　四（2）班的同学们在体育课上测试立定跳远，根据记录的成绩分别计算男生和女生的平均成绩，结果保留一位小数。

输入： 输入有两行：第一行输入若干个男生的立定跳远成绩（单位：厘米），以 0 表示结束；第二行输入若干个女生的立定跳远成绩（单位：厘米），以 0 表示结束。（男生和女生的人数均小于 100 人）

输出： 输出两个数，中间用空格隔开，分别表示男生和女生立定跳远的平均成绩（单位：厘米），结果保留一位小数。

样例输入： 157 154 159 160 0
142 147 144 0

样例输出： 157.5 144.3

参考代码

```
#include <iostream>
#include <cstdio>
using namespace std;
int a[105],b[105];
int main()
{
     int x,i,na=0,nb=0,suma=0,sumb=0;
     while(cin>>x)
     {
        if(x==0) break;
        na++;
        a[na]=x;
```

```
    }
    while(cin>>x)
    {
       if(x==0) break;
       nb++;
       b[nb]=x;
    }
    for(i=1;i<=na;i++) suma+=a[i];
    for(i=1;i<=nb;i++) sumb+=b[i];
    printf("%.1lf ",(double)suma/na);
    printf("%.1lf ",(double)sumb/nb);
    return 0;
}
```

第三十三课 数组移位

学习内容

- ✧ 数组元素前后元素的访问
- ✧ 数组元素的移位
- ✧ 数组元素的插入和删除

语　法

在一维数组中，可以用下标反映一个元素前后的元素。例如，在数组 int a[100] 中，元素 a[i] 前面的元素为 a[i-1]，后面的元素为 a[i+1]。

在进行数组元素移位时，会用到元素前后的下标。

例 33.1 平移数据

题目描述　将数组中第一个元素移到数组末尾，其余数据依次往前平移一个位置。

输入：输入有两行：第一行输入数组元素的个数 n；第二行输入 n 个正整数（正整数 < 1000），即 n 个数组元素。

输出：输出平移后的数组元素，中间用空格隔开。

样例输入：8
1 2 3 4 5 6 7 8

样例输出：2 3 4 5 6 7 8 1

程序代码

```
#include <iostream>
using namespace std;
int a[10005];
int main()
```

```
{
    int n,i,t;
    cin>>n;
    for(i=1;i<=n;i++) cin>>a[i];
    t=a[1];
    for(i=2;i<=n;i++) a[i-1]=a[i];
    a[n]=t;
    for(i=1;i<=n;i++) cout<<a[i]<<" ";
    return 0;
}
```

将 a[1] 暂存到变量 t 中

将数组元素从 a[2]~a[n] 依次向前移动一个位置

将 t 即 a[1] 放入 a[n]

Tips

（1）例 33.1 程序代码中注释的三条代码，就是平移数据的过程，如图 4-3 所示。

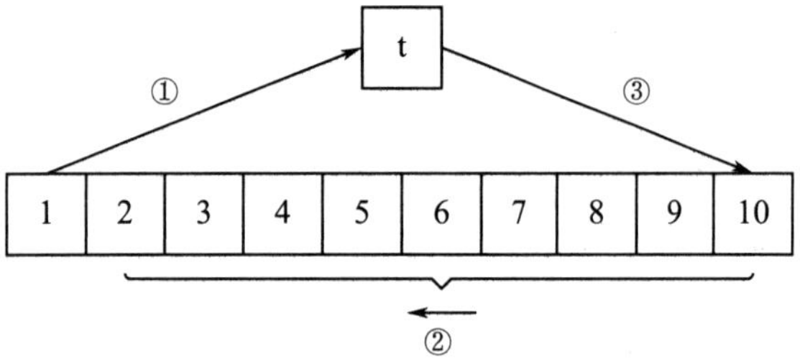

图 4-3　平移数据的过程

注意

三个步骤必须按先后次序执行，否则数据会被破坏。

（2）在使用下标 [i-1] 或 [i+1] 时，要小心越界问题。

在使用 a[i-1] 时，要保证 i ≥ 1，否则会出现越界。

例 33.2 将元素插入数组

题目描述　在一个数组的第 x 个位置插入一个新的数 y。

输入： 输入有四行：第一行输入一个整数 n（$5 \leqslant n \leqslant 10$）；第二行输入 n 个整数；第三行输入一个整数 x，表示要插入的位置；第四行输入一个整数 y，表示要插入的整数。

输出： 输出更新后的数组。

样例输入： 5

7 2 3 4 5

2

9

样例输出： 7 9 2 3 4 5

程序代码

```
#include <iostream>
using namespace std;
int a[15];
int main()
{
    int n,i,x,y;
    cin>>n;
    for(i=1;i<=n;i++)   cin>>a[i];
    cin>>x>>y;
    for(i=n;i>=x;i--)
    {
       a[i+1]=a[i];
    }
    n++;
    a[x]=y;
    for(i=1;i<=n;i++)  cout<<a[i]<<" ";
    return 0;
}
```

将 a[x]~a[n] 向后平移一个位置，要从后向前依次移动，也就是按照 a[n]，a[n-1]，…，a[x] 这样的顺序移动，才不会破坏元素的值

插入一个元素后数组元素增加了一个，所以用 n++ 更新 n 的值

将 y 放入 a[x]，插入完成

注意

在数组中插入一个元素，要进行移位操作。如果插入的位置在最前面，则要进行 n 次循环来移动 n 个元素。如果数组很大，循环时间会很长。同理，删除数组中的一个元素，也要进行移位，并更新数组元素的个数。

作业 62 删除数组的元素

题目描述 把一个数组的第 x 个位置的元素删掉。

输入： 输入有三行：第一行输入一个整数 n（$n \leqslant 10$）；第二行输入 n 个整数（整数在 1～1000 范围内）；第三行输入一个整数 x（$1 \leqslant x \leqslant n$），表示要删除的位置。

输出： 输出更新后的数组。

样例输入： 5
1 2 3 4 5
3

样例输出： 1 2 4 5

参考代码

```
#include<iostream>
using namespace std;
int a[15];
int main()
{
    int n,i,x;
    cin>>n;
```

```
    for(i=1;i<=n;i++) cin>>a[i];
    cin>>x;
    for(i=x;i<n;i++) a[i]=a[i+1];
    for(i=1;i<n;i++) cout<<a[i]<<" ";
    return 0;
}
```

作业 63 将元素插入有序数组

题目描述 从键盘读入一个整数 *n* 和一个数列（数列个数不超过 1000 且数列从小到大排列），将整数 *n* 插入数列，使新的数列按从小到大的顺序输出。

输入： 输入有两行：第一行输入一个整数 *n*，表示等待插入的数；第二行输入一个整数 *m*，表示数列中数的个数；第三行输入 *m* 个整数，中间用空格隔开。

输出： 输出新的数列，中间用空格隔开。

样例输出：
2
4
1 3 4 5

样例输出： 1 2 3 4 5

参考代码

```
#include <iostream>
using namespace std;
int a[1010];
int main()
{
    int n,m,i,k;
```

定义变量 k 存放整型数 n 应该放置的下标

```
    cin>>n>>m;
    for(i=1;i<=m;i++) cin>>a[i];
    if(n>=a[m])
    {
       a[++m]=n;
    }
    else
    {
       for(i=1;i<=m;i++)
       {
             if(a[i]>=n)
             {
                   k=i;
                   break;
             }
       }
       for(i=m;i>=k;i--)
       {
             a[i+1]=a[i];
       }
       a[k]=n;
       m++;
    }
    for(i=1;i<=m;i++) cout<<a[i]<<" ";
    return 0;
}
```

如果大于最后的数则直接放在它的后面

将 k 后面的数后移一位

数组长度 +1

第三十四课
二维数组

学习内容

✧ 二维数组的定义和初始化

✧ 二维数组元素的访问

语　法

一维数组是一个线性序列，可以想象成同学们在操场上排成一行。操场排队的另一种方式就是排成一个 *n* 行 *m* 列的矩阵，这就是二维数组的表现形式。

二维数组也可以理解为一个一维数组，这个一维数组中的每个元素又是一个一维数组。二维数组必须先定义后使用。

1. 二维数组的定义

二维数组定义的格式如下。

类型名　数组名 [常量表达式 1] [常量表达式 2];

➢ 类型名：数组的类型，可以是 int，long long，double，char 等基本数据类型，也可以是自定义的数据类型，例如，结构体。

➢ 数组名：数组的名称。数组的命名规则与标识符的命名规则相同。

➢ 常量表达式 1：表示数组第一维的大小，也就是行数，必须是常量。

➢ 常量表达式 2：表示数组第二维的大小，也就是列数，必须是常量。

示例代码如下。

```
int a[3][4];              // 定义一个 3 行 4 列的整型二维数组
double b[5][8];           // 定义一个 5 行 8 列的双精度浮点型二维数组
```

2. 二维数组的访问

与一维数组不同，二维数组要用两个下标——行下标和列下标访问元素。例如，二维数组 int a[3][4] 的元素的分布如图 4-4 所示。

a[0][0]	a[0][1]	a[0][2]	a[0][3]
a[1][0]	a[1][1]	a[1][2]	a[1][3]
a[2][0]	a[2][1]	a[2][2]	a[2][3]

图 4-4　二维数组的元素分布

行和列的下标均是从 0 开始的，数组 a[3][4] 的行号为 0 ～ 2，列号为 0 ～ 3。

二维数组访问元素的格式如下。

数组名 [行下标] [列下标]

假设左上角的元素为 a[0][0]，右下角的元素为 a[2][3]。当定义了一个二维数组后，编译器会在内存中开一个连续的空间提供给这个数组，二维数组的存放空间不是矩阵，而是一个线性空间，以行优先的顺序存放。二维数组的存放方式如图 4-5 所示。

a[0][0]	a[0][1]	a[0][2]	a[0][3]	a[1][0]	a[1][1]	a[1][2]	a[1][3]	a[2][0]	a[2][1]	a[2][2]	a[2][3]

图 4-5　二维数组的存放方式

3. 二维数组的初始化

（1）定义二维数组的同时，可以设置初始值，例如，将如图 4-6 所示的数组初始化，分为以下两种情况。

1	2	3	4
5	6	7	8
9	10	11	12

图 4-6　二维数组的初始化

① `int a[3][4]={{1,2,3,4},{5,6,7,8},{9,10,11,12}};`

② 由于二维数组是按行优先顺序存放的，图 4-6 中的数组也可以用下面的语句完成初始化。

```
int a[3][4] = {1,2,3,4,5,6,7,8,9,10,11,12};
```

（2）当定义二维数组时，数据个数不能超过定义的数组长度，如果数据个数小于数组长度，则把初始的数据放在数组前方，未初始的位置初始化为 0，示例代码如下。

```
int a[3][4] = {{1,2},{3},{4}};     //等效于 int a[3][4] = {{1,2,0,0},
                                          {3,0,0,0},{4,0,0,0}};
```

```
int a[3][4] = {1}; //等效于int a[3][4] = {{1,0,0,0},{0,0,0,0},{0,0,0,0}};
```

（3）二维数组初始化时可以省略第一维的数值，但不能省略第二维的数值，被省略的第一维的数值按初始的数的个数由编译器自动分配，示例代码如下。

```
int a[][4] = {1,2,3,4,5,6};      //等效于int a[2][4] = {{1,2,3,4},{5,6,0,0}};
```

这条初始化语句指定了二维数组有 4 列，总共 6 个数据被自动分配到 2 行 4 列中。

例 34.1 二维数组语法练习

题目描述　初始化一个 3×4 的二维数组，输出所有元素的和，并输出这个矩阵，每行数据中间用空格隔开。

输出： 输出有四行：第一行输出所有元素之和；后三行输出这个二维数组的所有元素，即矩阵。

输出： 55

1 2 3 4

5 6 7 8

9 10 0 0

> **注意**
>
> 二维数组通常使用双嵌套循环，因为要先输出总和 sum，所以进行两次嵌套循环，先累加 sum，再用嵌套循环输出每个元素。

程序代码

```
#include <iostream>
using namespace std;
int main()
{
    int a[3][4]={{1,2,3,4},{5,6,7,8},{9,10}};
    int sum=0;
    for(int i=0;i<3;i++)
    {
```

定义变量 i 为“行”，下标从 0 开始，在外层循环

```
        for(int j=0;j<4;j++)        // 定义变量 j 为“列”，下标从 0 开始，在内层循环
        {
            sum+=a[i][j];
        }
    }
    cout<<sum<<endl;                // 定义变量 i 为“行”，下标从 0 开始，在外层循环
    for(int i=0;i<3;i++)
    {
        for(int j=0;j<4;j++)        // 定义变量 j 为“列”，下标从 0 开始，在内层循环
        {
            cout<<a[i][j]<<" ";     // 输出一个元素
        }
        cout<<endl;                 // 每输出一行，换行继续输出
    }
    return 0;
}
```

例 34.2 计算矩阵 $A+B$

题目描述 输入两个 n 行 m 列的矩阵 $\boldsymbol{A}$ 和 $\boldsymbol{B}$，输出矩阵 $\boldsymbol{A}+\boldsymbol{B}$ 的和。

输入：第一行输入两个整数 n 和 m（$1 \leqslant n \leqslant 100$，$1 \leqslant m \leqslant 100$），分别表示矩阵的行数和列数。接下来输入 n 行，每行 m 个整数，表示矩阵 $\boldsymbol{A}$ 的元素。接下来输入 n 行，每行 m 个整数，表示矩阵 $\boldsymbol{B}$ 的元素。相邻两个整数中间用空格隔开，元素范围：1 ～ 1000。

输出：输出 n 行，每行 m 个整数，表示矩阵相加的结果。相邻两个整数中间用空格隔开。

样例输入：

```
3 3
1 2 3
1 2 3
1 2 3
1 2 3
4 5 6
7 8 9
```

样例输出：

```
2 4 6
5 7 9
8 10 12
```

程序代码

```
#include <iostream>
using namespace std;
int a[105][105],b[105][105];        // 定义两个数组 a 和 b 分别存放两个矩阵
int main()
{
    int n,m,i,j;
    cin>>n>>m;
    for(i=1;i<=n;i++)               // 读入矩阵到数组 a
    {
       for(j=1;j<=m;j++)
       {
          cin>>a[i][j];
       }
    }
    for(i=1;i<=n;i++)               // 读入矩阵到数组 b
    {
       for(j=1;j<=m;j++)
       {
```

```
                cin>>b[i][j];
            }
        }
        for(i=1;i<=n;i++)
        {
            for(j=1;j<=m;j++)
            {
                cout<<a[i][j]+b[i][j]<<" ";
            }
            cout<<endl;
        }
        return 0;
}
```

用嵌套循环输出两个矩阵相同位置的元素之和

作业 64 计算图像的相似度

题目描述 给出两幅大小相同的黑白图像，计算它们的相似度。图像用 0—1 矩阵表示，0 表示白色，1 表示黑色。

输入：第一行输入两个整数 n 和 m（$1 \leqslant n \leqslant 100$，$1 \leqslant m \leqslant 100$），分别表示图像的行数和列数，中间用空格隔开。接下来输入 n 行，每行 m 个整数（0 或 1），表示第一幅黑白图像上各像素点的颜色。相邻两个数中间用空格隔开。接下来输入 n 行，每行 m 个整数（0 或 1），表示第二幅黑白图像上各像素点的颜色。相邻两个数中间用空格隔开。

输出：输出一个小数，表示两幅图像的相似度，结果保留两位小数，无须输出百分号。

样例输入： 3 3
1 0 1
0 0 1
1 1 0
1 1 0
0 0 1
0 0 1

样例输出： 44.44

注意

若两幅图像在相同位置上的像素点颜色的值相同，则称它们在该位置具有相同的像素点。两幅图像的相似度定义为相同像素点数占总像素点数的百分比。

参考代码

```
#include <iostream>
#include <iomanip>
using namespace std;
int a[105][105],b[105][105];
int main()
{
     int n,m,i,j,sum=0;
     cin>>n>>m;
     for(i=1;i<=n;i++)
        for(j=1;j<=m;j++)                将数据放入数组 a
              cin>>a[i][j];
     for(i=1;i<=n;i++)
        for(j=1;j<=m;j++)                将数据放入数组 b
              cin>>b[i][j];
     for(i=1;i<=n;i++)
     {
        for(j=1;j<=m;j++)
        {
              if(a[i][j]==b[i][j]) sum++;
```

```
        }
    }
    cout<<fixed<<setprecision(2)<<(double)sum/(n*m)*100;
    return 0;
}
```

作业 65 换位置

题目描述 学生们在操场上排成一个 n 行 m 列的队形，请将这个队形中，年龄最大和最小的学生交换位置，输出交换后的结果，年龄最大和最小的学生在矩阵中是唯一的。

输入： 第一行输入两个整数 n 和 m（$2 \leqslant n，m \leqslant 200$），分别表示队形的行和列。接下来输入 n 行，每行有 m 个整数，表示每个学生的年龄，年龄范围：1 ～ 100。

输出： 输出 n 行 m 列，表示交换位置后的结果，每行的 m 个数中间用空格隔开。

样例输入：
```
3 4
8 10 18 9
15 12 10 6
17 3 12 15
```

样例输出：
```
8 10 3 9
15 12 10 6
17 18 12 15
```

参考代码

```
#include <iostream>
using namespace std;
int a[205][205];
int main()
{
    int n,m,i,j,t,maxx=0,minn=1000,maxi,maxj,mini,minj;
```

```
    cin>>n>>m;
    for(i=1;i<=n;i++)
    {
        for(j=1;j<=m;j++)
        {
                cin>>a[i][j];
                if(a[i][j]>maxx)
                {
                        maxx=a[i][j];
                        maxi=i;maxj=j;
                }
                if(a[i][j]<minn)
                {
                        minn=a[i][j];
                        mini=i;minj=j;
                }
        }
    }
    a[maxi][maxj]=minn;
    a[mini][minj]=maxx;

    for(i=1;i<=n;i++)
    {
        for(j=1;j<=m;j++)
        {
                cout<<a[i][j]<<" ";
        }
        cout<<endl;
    }
    return 0;
}
```

把最小值放到最大值所在的位置，把最大值放到最小值所在的位置

第三十五课
二维数组的对角线和边缘

学习内容

- ✧ 判断二维数组对角线上的元素
- ✧ 判断二维数组边缘的元素

语　法

一、判断对角线的元素

一个 $n \times n$ 的矩阵，有两条对角线 A 和 B，如图 4-7 所示。

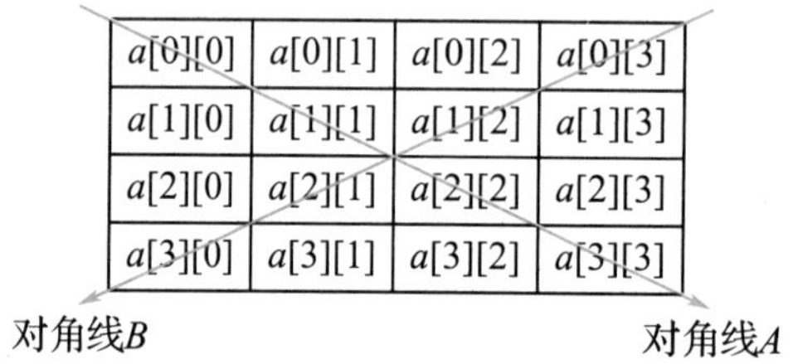

图 4-7　矩阵的对角线

假如用 i 作为矩阵的行下标，j 作为矩阵的列下标，矩阵的对角线有以下规律。

对角线 A 的元素特征：$i{==}j$。

对角线 B 的元素特征：$i+j == n-1$（如果行和列都从下标 1 开始，则 $i+j{==}n+1$）。

例 35.1　计算对角线上的数字之和

题目描述　从键盘读入一个 $n \times n$ 的矩阵，计算两条对角线上的数字之和。

输入： 第一行输入一个整数 n（$3 \leqslant n \leqslant 10$），表示矩阵的大小。接下来输入 n 行，每行 n 个整数，整数在 1 ～ 10 000 范围内，数字中间用空格隔开。

输出： 输出两条对角线上的数字之和。

样例输入： 4

1 2 3 4

5 6 7 8

9 10 11 12

13 14 15 16

样例输出： 68

注意

本题可以在读数据的时候就判断该数是否为对角线上的数，这样只用一次嵌套循环即可遍历所有元素，而且不用设置数组。

程序代码

```
#include <iostream>
using namespace std;
int a[15][15];                          // 定义一个数组 a
int main()
{
    int n,i,j,sum=0;
    cin>>n;
    for(i=1;i<=n;i++)
    {
        for(j=1;j<=n;j++)
        {
            cin>>a[i][j];               // 先用一次嵌套循环，将数据读入数组 a
        }
    }
    for(i=1;i<=n;i++)
    {
        for(j=1;j<=n;j++)
        {
            if(i==j || i+j==n+1) sum+=a[i][j];
        }
    }
    cout<<sum;
    return 0;
}
```

再用一次嵌套循环遍历每个元素，判断其是否为对角线元素，如果是对角线元素则累加到 sum

二、判别边缘元素

一个 $n \times m$ 的矩阵可以由一个二维数组来表示，数组中元素的行下标和列下标都从 1 开始，其边缘元素如图 4-8 所示。

a[1][1]	*a*[1][2]	*a*[1][3]	*a*[1][4]	*a*[1][5]
a[2][1]	*a*[2][2]	*a*[2][3]	*a*[2][4]	*a*[2][5]
a[3][1]	*a*[3][2]	*a*[3][3]	*a*[3][4]	*a*[3][5]
a[4][1]	*a*[4][2]	*a*[4][3]	*a*[4][4]	*a*[4][5]

图 4-8　二维数组的边缘元素

其边缘元素的特征如下。

```
i==1 || i==n || j==1 || j==m    //i 为行下标，j 为列下标
```

棋盘迷宫类的题目中常会用到边缘的判别。

例 35.2　计算矩阵边缘的元素之和

题目描述　从键盘读入一个整数矩阵，计算矩阵边缘的元素之和。

输入： 第一行输入矩阵的行数 *n* 和列数 *m*（*n*<100，*m*<100），中间用空格隔开。接下来输入 *n* 行数据，每行有 *m* 个整数，整数中间用空格隔开。

输出： 输出对应矩阵边缘的元素之和。

样例输入：
```
3 3
3 4 1
3 7 1
2 0 1
```

样例输出： 15

程序代码

```
#include <iostream>
#include <cstdio>
using namespace std;
int a[105][105];
int main()
{
      int n,m,i,j,sum=0;
      scanf("%d%d",&n,&m);
      for(i=1;i<=n;i++)
      {
         for(j=1;j<=m;j++)
         {
               scanf("%d",&a[i][j]);
         }
      }
      for(i=1;i<=n;i++)
      {
         for(j=1;j<=m;j++)
         {
               if(i==1 || i==n || j==1 || j==m)
               {
                     sum+=a[i][j];
               }
         }
      }
      printf("%d",sum);
      return 0;
}
```

定义一个数组 a

读入 n×m 矩阵到数组 a

判断是否为边缘元素

如果是边缘元素则累加到 sum 中

例 35.2 还有另一种解法，可以不用遍历数组中的所有元素，直接把四条边缘的元素用四个循环累加，示例代码如下。

```
#include <iostream>
using namespace std;
int a[103][103];
int main()
{
    int i,j,m,n,sum=0;
    cin>>n>>m;
    for(i=1;i<=n;i++)
    {
        for(j=1;j<=m;j++)
        {
            cin>>a[i][j];
        }
    }
    for(j=1;j<=m;j++)   sum+=a[1][j];        上边
    for(j=1;j<=m;j++)   sum+=a[n][j];        下边
    for(i=2;i<=n-1;i++)    sum+=a[i][1];     左边
    for(i=2;i<=n-1;i++)    sum+=a[i][m];     右边
    cout<<sum;
    return 0;
}
```

Tips

判断一个元素是否是对角线或边缘的元素时，要注意数组放置的起始下标，可以从 0 或 1 开始放置，但所对应的参数会有所不同。

作业 66　布置鲜花方阵

题目描述　光明小学艺术节快到了，老师要求同学们布置一个 $n \times n$（$n \leqslant 9$ 且 n 是奇数）的花盆方阵。

如果 n=5，那么方阵的形状如图 4-9 所示。

如果 n=7，那么方阵的形状如图 4-10 所示。

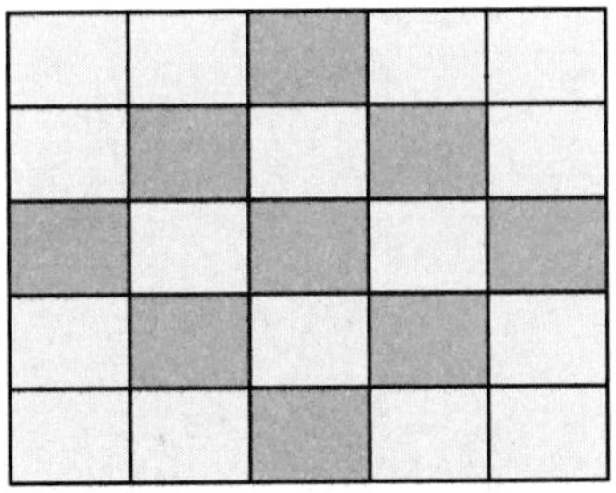

图 4-9　n=5 的方阵形状

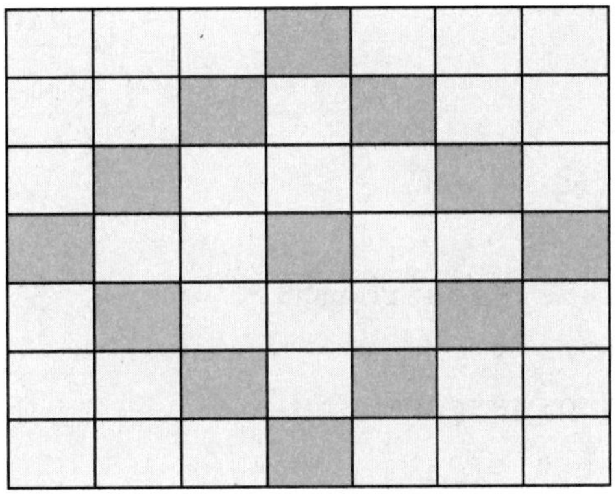

图 4-10　n=7 的方阵形状

从键盘读入一个整数 n，输出鲜花方阵，用 1 表示浅色花盆，0 表示深色花盆，输出时设置数字的场宽为 3。

如果 n=5，那么实际要输出的方阵如图 4-11 所示。

如果 n=7，那么实际要输出的方阵如图 4-12 所示。

```
1  1  0  1  1
1  0  1  0  1
0  1  0  1  0
1  0  1  0  1
1  1  0  1  1
```

图 4-11　n=5 时实际要输出的方阵

```
1  1  1  0  1  1  1
1  1  0  1  0  1  1
1  0  1  1  1  0  1
0  1  1  0  1  1  0
1  0  1  1  1  0  1
1  1  0  1  0  1  1
1  1  1  0  1  1  1
```

图 4-12　n=7 时实际要输出的方阵

输入：输入一个整数 n。

输出：输出鲜花方阵。

样例输入：5

样例输出：

```
1 1 0 1 1
1 0 1 0 1
0 1 0 1 0
1 0 1 0 1
1 1 0 1 1
```

参考代码

```
#include <iostream>
#include <iomanip>
using namespace std;
int a[15][15];
int main()
{
    int n,i,j;
    cin>>n;
    for(i=1;i<=n;i++)
    {
       for(j=1;j<=n;j++)
       {
            if(i+j==(n+1)/2+1 || i+j==(n+1)/2+n ||
               i-n/2==j || i+n/2==j)          矩阵的四条斜边
            {
                a[i][j]=0;
            }
            else if(i==j && i==(n+1)/2)       矩阵的中心
            {
```

```
                a[i][j]=0;
            }
            else
            {
                a[i][j]=1;
            }
        }
    }

    for(i=1;i<=n;i++)
    {
        for(j=1;j<=n;j++)
        {
            cout<<setw(3)<<a[i][j];
        }
        cout<<endl;
    }
    return 0;
}
```

矩阵其他位置的元素

作业 67　输出螺旋方阵

题目描述　输出一个螺旋方阵。

输入：输入一个整数 n（$0 < n < 10$）。

输出：输出一个 n 行方阵，每行 n 个数，数字的场宽为 3。

样例输入：5

样例输出：

```
  1  2  3  4  5
 16 17 18 19  6
 15 24 25 20  7
 14 23 22 21  8
 13 12 11 10  9
```

参考代码

```
#include <iostream>
#include <iomanip>
using namespace std;
int a[15][15];
int main()
{
    int i,j,x,y,n,cnt=1;
    cin>>n;
    x=1;y=1;a[x][y]=cnt;
    while(cnt<n*n)
    {
        while(a[x][y+1]==0 && y+1<=n) a[x][++y]=++cnt;
        while(a[x+1][y]==0 && x+1<=n) a[++x][y]=++cnt;
        while(a[x][y-1]==0 && y-1>=1) a[x][--y]=++cnt;
        while(a[x-1][y]==0 && x-1>=1) a[--x][y]=++cnt;
    }
    for(i=1;i<=n;i++)
    {
        for(j=1;j<=n;j++)
        {
            cout<<setw(3)<<a[i][j];
        }
        cout<<endl;
    }
    return 0;
}
```

定义一个数组 a，未放置时数组的下标为 0

定义螺旋方阵有 x 行，y 列

按右下左上的顺序放置矩阵

第三十六课 二维数组元素的邻居

学习内容

✧ 访问二维数组元素四周的元素

语 法

假设一个二维数组中某元素为 $a[i][j]$，其四周的元素可以通过下标访问，如图 4-13 所示。

$a[i-1][j-1]$	$a[i-1][j]$	$a[i-1][j+1]$
$a[i][j-1]$	$a[i][j]$	$a[i][j+1]$
$a[i+1][j-1]$	$a[i+1][j]$	$a[i+1][j+1]$

图 4-13　二维数组元素四周的元素

例 36.1 模糊处理图像

题目描述　从键盘读入 n 行 m 列的图像各像素点的灰度值，要求用如下方法对其进行模糊化处理。

（1）四周最外侧的像素点的灰度值不变。

（2）中间各像素点的新灰度值为该像素点及其上、下、左、右相邻四个像素点原灰度值的平均数，结果保留为整数。

输入: 第一行输入两个整数 n 和 m（$1 \leqslant n \leqslant 100$，$1 \leqslant m \leqslant 100$），表示图像像素点的行数和列数。接下来输入 n 行，每行 m 个整数，表示图像的每个像素点的灰度值。相邻两个整数中间用空格隔开，每个元素的范围：0 ～ 255。

输出： 输出 n 行，每行 m 个整数，即模糊处理后的图像。相邻两个整数中间用空格隔开。

样例输入： 4 5

100 0 100 0 50

50 100 200 0 0

50 50 100 100 200

100 100 50 50 100

样例输出： 100 0 100 0 50

50 80 100 60 0

50 80 100 90 200

100 100 50 50 100

程序代码

```
#include <iostream>
#include <cmath>
using namespace std;
int a[105][105],b[105][105];
int main()
{
      int n,m,i,j;
      cin>>n>>m;
      for(i=1;i<=n;i++)
      {
         for(j=1;j<=m;j++)
         {
              cin>>a[i][j];
         }
      }
```

定义两个相同大小的二维数组 a 和 b，a 存放读入的矩阵，b 为目标矩阵

```
    for(i=1;i<=n;i++)
    {
        for(j=1;j<=m;j++)
        {
            if(i==1 || j==1 || i==n || j==m)
            {
                b[i][j]=a[i][j];
            }
            else
            {
                b[i][j]=round((a[i][j]+a[i-1][j]+a[i+1][j]+a[i]
[j-1]+a[i][j+1])/5.0);
            }
        }
    }
    for(i=1;i<=n;i++)
    {
        for(j=1;j<=m;j++)
        {
            cout<<b[i][j]<<" ";
        }
        cout<<endl;
    }
    return 0;
}
```

按行列枚举数组 a 的每个元素并进行判断

如果是边缘元素则直接放入数组 b

计算 a[i][j] 及其上、下、左、右共五个元素的平均值并四舍五入后，保留整数部分，放入 b[i][j] 的位置

最后输出数组 b

例 36.2 设计扫雷游戏

题目描述 扫雷游戏是一款经典的单机小游戏。在 *n* 行 *m* 列的雷区中有一些格子含有地雷（称之为地雷格），其他格子不含地雷（称之为非地雷格）。玩家翻开一个非地雷格时，格内会出现一个数字——提示周围格子中有多少个是地雷格。游戏的目标是在不翻出任何地雷格的条件下，找出所有的非地雷格。现在给出 *n* 行 *m* 列的雷区中地雷的位置，计算每个非地雷格周围的地雷格数。

> **注意**
>
> 一个格子的周围包括其上 / 下 / 左 / 右 / 左上 / 右上 / 左下 / 右下八个方向上的格子。

输入：第一行输入两个整数 *n* 和 *m*，中间用空格隔开，分别表示雷区的行数和列数。接下来输入 *n* 行，每行 *m* 个字符，描述了雷区中的地雷分布情况。字符“*”表示相应格子是地雷格，字符“?”表示相应格子是非地雷格，相邻字符之间无分隔符。

输出：输出 *n* 行，每行 *m* 个字符，描述整个雷区。用“*”表示地雷格，用周围地雷的个数表示非地雷格，相邻字符之间无分隔符。

样例输入：

```
2 3
?*?
*??
```

样例输出：

```
2*1
*21
```

程序代码

```
#include <iostream>
using namespace std;
char a[105][105],b[105][105];
```

定义两个二维数组 a 和 b，注意必须是字符数组，a 存放读入的矩阵，b 存放目标矩阵

```
int main()
{
    int n,m,i,j;
    cin>>n>>m;
    for(i=1;i<=n;i++)
       for(j=1;j<=m;j++)
            cin>>a[i][j];
    for(i=1;i<=n;i++)                          // 按行列枚举 a 数组的每个元素
    {
       for(j=1;j<=m;j++)
       {
            int cnt=0;                         // 定义整型变量 cnt 并初始化为 0，用于累加周围的地雷数
            if(a[i][j]=='*')                   // 判断元素是否等于 '*'
            {
                b[i][j]='*';                   // 如果等于，则直接放入 b[i][j]
            }
            else
            {
                if(a[i-1][j]=='*') cnt++;
                if(a[i+1][j]=='*') cnt++;
                if(a[i-1][j-1]=='*') cnt++;
                if(a[i+1][j-1]=='*') cnt++;
                if(a[i][j-1]=='*') cnt++;
                if(a[i][j+1]=='*') cnt++;
                if(a[i-1][j+1]=='*') cnt++;
                if(a[i+1][j+1]=='*') cnt++;    // 累加 a[i][j] 周围八个元素中地雷的数量，注意在每个位置累加前都须将 cnt 先清零
                b[i][j]=cnt+'0';               // 将 cnt 中的整数转换为字符后再赋值给 b[i][j]
            }
       }
```

```
    }
    for(i=1;i<=n;i++)
    {
        for(j=1;j<=m;j++)
        {
            cout<<b[i][j];
        }
        cout<<endl;
    }
    return 0;
}
```

输出数组 b

Tips

例 36-2 中使用了下标 i-1，i+1，j-1，j+1 等，那么边缘元素是不会四周都有元素的，可代码中并没有判断边缘，如何设计出正确的程序呢？

因为数组定义在函数之外，即定义数组为全局数组，且数组中所有的元素被自动初始化为 0，保证在累加过程中，即使累加了矩阵之外的元素，也不会影响结果。还有一个更重要的原因是数据从下标 1 开始存放，且数组大小的定义比 n 和 m 稍大，这保证了即使访问到边缘元素之外的元素，也不会越界。

作业 68 判断相邻数

题目描述 学生们在操场上排成了一个 n 行 m 列的队形，假设这个队形中所有人的年龄都不同，那么给定两个年龄，判断这两个年龄对应的同学是否相邻。如果两个学生在上下左右的位置是挨在一起的，那么他们就是相邻的。

输入：第一行输入两个整数 n 和 m（$2 \leqslant n,\ m \leqslant 200$），分别表示队形的行和列。接下来输入 n 行，每行 m 个整数，表示每个学生的年龄，年龄范围：1 ～ 100。最后一行输入两个整数，表示要判断的两个不同年龄的值。

输出：如果两个年龄的值是相邻的则输出 yes，否则输出 no。

样例输入：

```
3 4
8 2 3 4
5 6 7 1
9 10 11 12
6 10
```

样例输出：yes

参考代码

```
#include <iostream>
using namespace std;
int a[205][205];
int main()
{
    int n,m,i,j,x,y;
    cin>>n>>m;
    for(i=1;i<=n;i++)
       for(j=1;j<=m;j++)
            cin>>a[i][j];
    cin>>x>>y;
    for(i=1;i<=n;i++)
    {
```

```
        for(j=1;j<=m;j++)
        {
            if(a[i][j]==x)
            {
                if(a[i][j+1]==y || a[i][j-1]==y
                || a[i-1][j]==y || a[i+1][j]==y)
                {
                    cout<<"yes";
                }
                else
                {
                    cout<<"no";
                }
            }
        }
    }
    return 0;
}
```

作业 69 输出靶心数

题目描述 James 同学发现在二维数组中有这样一类数，这个数正好比自己上、下、左、右四个方向的数都大（由于比四个方向的数都大，所以这个数不可能在第一行，最后一行，第一列，最后一列），James 把它们称为靶心数，请输出一个二维数组的靶心数。

输入: 第一行输入两个整数 n 和 m（$4 \leqslant n \leqslant 100$，$4 \leqslant m \leqslant 100$），表示二维数组有 n 行 m 列。接下来输入 n 行，每行 m 个整数。

输出: 请按照输入的顺序输出满足条件的靶心数，每行一个。

样例输入： 4 4
1 2 3 4
5 6 5 8
9 1 11 10
13 4 5 16

样例输出： 6
11

参考代码

```
#include <iostream>
using namespace std;
int a[105][105];
int main()
{
    int n,m,i,j;
    cin>>n>>m;
    for(i=1;i<=n;i++)
    {
      for(j=1;j<=m;j++)
      {
          cin>>a[i][j];
      }
    }
    for(i=2;i<=n-1;i++)
    {
      for(j=2;j<=m-1;j++)
      {
          if(a[i][j]>a[i-1][j] && a[i][j]>a[i][j-1]
          &&a[i][j]>a[i+1][j] && a[i][j]>a[i][j+1])
          cout<<a[i][j]<<endl;
      }
    }
    return 0;
}
```

第三十七课 字符数组

学习内容

- ✧ 字符数组的定义和初始化
- ✧ 字符串的结束符和长度获取
- ✧ 字符数组的输入 / 输出

语　法

存放字符的数组称为字符数组，数组中的每个元素都是一个字符，字符数组可以是一维或二维的，“扫雷游戏”使用的就是字符数组。二维字符数组的处理方式与其他类型的二维数组类似。

字符串的实际使用场景更普遍，例如，一个句子，一个单词都是字符串。字符串是线性结构，有两种存放方式：一维字符数组和 string 类字符串。

相比普通的一维数组，一维字符数组有其独立的处理方式。

1. 字符数组的定义和初始化

字符数组的定义方式如下。

```
char c[10];        // 定义一个长度为 10 的字符数组
```

字符数组的初始化类似 int、double 类型的数组，示例代码如下。

```
char c[11] = {'H','e','l','l','o',' ','W','o','r','l','d'};
```

初始化的结果如图 4-14 所示。

	H	e	l	l	o		W	o	r	l	d
下标	0	1	2	3	4	5	6	7	8	9	10

图 4-14　字符数组初始化的结果

字符数组元素的下标从 0 开始，初始化后，c[0] 的值为 'H'，…，c[10] 的值为 'd'。

初始化时注意字符数量不能超过数组的大小，例如，数组的大小为 11，字符也是 11 个（含一个空格）。

对于一个字符串，要分析的是有效的字符，更关心的是有效字符的长度，而不是数组的大小，C++ 定义了字符串的结束符以便获取字符串的长度。

2. 字符串的结束符和长度获取

C++ 使用转义字符 '\0' 作为字符串结束的标志。

'\0' 的 ASCII 码值为 0，是字符串的结束标志，它占用 1 字节的空间。

还有一种更为方便地定义和初始化字符数组的方式如下。

```
char c[14] = "Hello World";
```

初始化的结果如图 4-15 所示。

	H	e	l	l	o		W	o	r	l	d	\0	\0	\0
下标	0	1	2	3	4	5	6	7	8	9	10	11	12	13

图 4-15　字符数组的初始化结果

该数组的大小为 14，有效的字符长度为 11，后面未被初始化的位置被填充为 '\0'，从前往后发现第一个 '\0' 时，就得到了字符串的有效长度。

因为要存放结束符，使用这种初始化方式时注意数组的大小要大于或等于“有效长度 +1”。

如果定义字符数组时省略其大小，则系统按“有效长度 +1”自动分配空间给数组，示例代码如下。

```
char c[ ] = "Hello World";
```

有效字符串长度为 11，所以这个数组的大小为 12（最后一个字节存放 '\0'）。

获取字符数组的有效长度，可以使用函数 strlen()，但要包含头文件 #include <cstring>，示例代码如下。

```
#include <cstring>     // 头文件
len = strlen(c);       // 获取字符数组 c 的有效长度，并赋值给变量 len
```

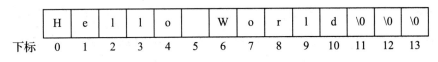

分析字符串时，一般都会用到这个函数。

3. 字符数组的输入 / 输出

与数值型数组类似，字符数组也可以用循环读入单个字符放入数组，或用循环输出每个字符。

字符串的输入 / 输出其独立的方式——整体处理。

假设定义字符数组 c，读入一个由键盘输入的字符串并输出，示例代码如下。

```
char c[100];        // 定义字符数组，大小为 100
cin>>c;             // 读入字符串放入 c 中
cout<<c;            // 输出字符串 c
```

也可以使用如下的方式读入字符串包含头文件 #include <cstdio>，示例代码如下。

```
scanf("%s",c);    // 使用格式符 %s 读入字符串，注意是“c”而不是“&c”
printf("%s",c);   // 使用格式符 %s 输出字符串
```

另外，还可以使用 puts() 函数输出字符串，示例代码如下。

```
puts(c);            // 输出 c，并自动换行
```

例 37.1 字符数组的输入 / 输出语法练习

样例输入： Hello World

样例输出： Hello

程序代码①

```
#include <iostream>
#include <cstdio>
using namespace std;
char c[100];
int main()
{
    cin>>c;
    cout<<c;
    return 0;
}
```

当输入带空格的字符串时，只能输出空格前面的部分，因为cin只能读入空格前的字符串。修改代码，将 cin/cout 换成 scanf/printf，如程序代码②所示。

样例输入： Hello World

样例输出： Hello

程序代码②

```
#include <iostream>
#include <cstdio>
using namespace std;
char c[100];
int main()
{
    scanf("%s",c);
    printf("%s",c);
    return 0;
}
```

可以发现两种方法输出的结果一样，说明无论 cin 或 scanf，对于一个带空格的字符串，都只能读取空格之前的部分。对于 cout 或 printf，输出的内容都是 '\0' 之前的内容，因此可以输出带空格的字符串。

那么如何读取带空格的字符串呢？在以前的 C++ 版本中 gets() 有这个功能，不过现在不能用了，可以使用 string 类函数。

Tips

（1）字符串以 '\0' 作为结束符，读入或初始化时要保证数组有足够的空间，在设置数组长度时根据字符串的长度至少再增加 2。

（2）cin 和 scanf 都不能完整地读取带空格的字符串，注意题目描述中字符串是否带有空格，使用字符数组处理字符串时字符串不带空格。

（3）不要使用 gets() 函数。

例 37.2 逆序输出字符串

题目描述 从键盘读入一个字符串，其总长度不超过 255，将字符串逆序输出。

输入： 输入一个字符串，字符串不含空格。

输出： 逆序输出字符串。

样例输入： abcdefg12345

样例输出： 54321gfedcba

程序代码

```
#include <iostream>
#include <cstring>
using namespace std;
char c[260];
int main()
{
     int i;
     cin>>c;
     for(i=strlen(c)-1;i>=0;i--)
        cout<<c[i];
     return 0;
}
```

char c[260];：定义一个字符数组 c，因为字符串总长度不超过 255，所以定义数组大小为 260，保证空间足够大

cin>>c;：读入字符串到 c

for(i=strlen(c)-1;i>=0;i--)：逆序循环。strlen() 函数用于获取 c 的有效长度，又因为首字符的下标为 0，所以最后一个字符的下标为 strlen(c)-1

cout<<c[i];：逐一输出每个字符

例 37.3 计算数字和

题目描述 从键盘读入一个很大的数 c，其数位长度不超过 200，计算 c 各数位上的数字和。

输入： 输入一个整数 c。

输出： 输出各数位上的数字和。

➡ **样例输入：** 22376125　　➡ **样例输出：** 28

注意

由题目描述可知，这个数最大有200位，这么大的数即使用long long也无法存放，所以要用字符串来存放。

程序代码

```
#include <iostream>
#include <cstring>
using namespace std;
int main()
{
    char c[205];            // 定义一个字符串 c 并初始化
    int i,sum=0,len;
    cin>>c;                 // 读入字符串 c
    len=strlen(c);          // 用 strlen() 函数获取长度放入变量 len
    for(i=0;i<len;i++)
    {
        sum+=c[i]-'0';      // 逐一累加每一位上的字符
    }
    cout<<sum;              // 将数字字符转换为数字
    return 0;
}
```

作业70 设计数字游戏

题目描述　学生A向学生B发送了一个长度为8的01字符串。01字符串是每一个字符是0或者1的字符串，例如，101为一个长度为3的01字符串。学生B想要知道字符串中有多少个 1。

输入：输入一个长度为 8 的 01 字符串 。

输出：输出 01 字符串中字符 1 的个数。

样例输入：00010100

样例输出：2

参考代码

```
#include <iostream>
using namespace std;
int main()
{
      int sum=0,i;
      char a[10];
      cin>>a;
      for(i=0;i<8;i++)
      {
         if(a[i]=='1')  sum++;
      }
      cout<<sum;
      return 0;
}
```

作业 71 替换字符

题目描述 从键盘读入一个字符串，用给定的字符替换字符串中所有的特定字符，得到一个新的字符串。

输入： 输入一个字符串（字符串长度≤100，且不含空格）和两个字符，中间用空格隔开。字符串是待替换的字符串；第一个字符为要被替换的特定字符；第二个字符为用于替换的给定字符。

输出： 输出替换后的字符串。

样例输入： hello-how-are-you o O

样例输出： hellO-hOw-are-yOu

参考代码

```
#include <iostream>
#include <cstring>
using namespace std;
char c[105],a,b;
int main()
{
    int len,i;
    cin>>c>>a>>b;
    len=strlen(c);
    for(i=0;i<len;i++)
    {
       if(c[i]==a) c[i]=b;
    }
    cout<<c;
    return 0;
}
```

第三十八课 常用的字符串处理函数

学习内容

✧ cstring 库中常用的字符串处理函数

语　法

调用 cstring 库中的函数，可以实现字符串的连接、复制、比较等。

cstring 库中常用的函数如表 4-1 所示。

表 4-1　cstring 库中常用的字符串处理函数

函数格式	函数功能
strlen(字符串)	返回字符串的长度，结束符 '\0' 不算在长度之内
strcat(字符串 1，字符串 2)	将字符串 2 连接到字符串 1 的后面，返回字符串 1 的值
strncat(字符串 1，字符串 2，长度 *n*)	将字符串 2 前 *n* 个字符连接到字符串 1 的后面，返回字符串 1 的值
strcpy(字符串 1，字符串 2)	将字符串 2 复制到字符串 1 的后面，返回字符串 1 的值
strncpy(字符串 1，字符串 2，长度 *n*)	将字符串 2 前 *n* 个字符复制到字符串 1 的后面，返回字符串 1 的值
strcmp(字符串 1，字符串 2)	比较字符串 1 和字符串 2 的大小； 如果字符串 1> 字符串 2，返回一个正整数； 如果字符串 1= 字符串 2，返回 0； 如果字符串 1< 字符串 2，返回一个负整数
strncmp(字符串 1，字符串 2，长度 *n*)	比较字符串 1 和字符串 2 的前 *n* 个字符，函数返回值的情况同 strcmp() 函数

一、strlen() 函数

格式：`strlen(s)`

功能：获取字符串 s 的长度，不含结束符 '\0'。

二、strcat() 和 strncat() 函数

格式：`strcat(s1,s2)`

功能：将字符串 s2 连接到字符串 s1 的后面，返回字符串 s1 的值。

格式：`strncat(s1,s2,n)`

功能：将字符串 s2 的前 *n* 个字符连接到字符串 s1 的后面，返回字符串 s1 的值。

例 38.1　strcat 和 strncat 语法练习

输出：ABCDExyz
ABCDExyzxy

注意

使用 strcat() 和 strncat() 函数时，要保证字符串有足够的空间，能存放连接后的字符串。

程序代码

```
#include <iostream>
#include <cstring>
#include <cstdio>
using namespace std;
int main()
{
    char a[30]="ABCDE",b[30]="xyz";
    strcat(a,b);          // 将字符串 b 连接到字符串 a 的后面
    puts(a);              // 输出字符串 a
    strncat(a,b,2);       // 将字符串 b 的前两个字符连接到字符串 a 的后面
    puts(a);              // 输出字符串 a
    return 0;
}
```

三、strcpy() 和 strncpy() 函数

格式：strcpy(s1,s2);

功能：将字符串 s2 复制到字符串 s1 的后面，返回字符串 s1 的值。

格式：strcnpy(s1,s2,n);

功能：将字符串 s2 的前 *n* 个字符复制到字符串 s1 的后面，取代字符串 s1 前面的 *n* 个字符，返回字符串 s1 的值。

复制字符数组时不能使用 s1=s2，否则编译不能通过，只能使用函数来实现。

例 38.2 strcpy 和 strncpy 语法练习

输出：xyz

xyz

注意

使用 strcpy() 和 strncpy() 函数时，仍须保证字符串有足够的空间。

程序代码

```
#include <iostream>
#include <cstring>
#include <cstdio>
using namespace std;
int main()
{
    char a[30]="ABCDE",b[30]="xyz";
    strcpy(a,b);
    puts(a);
    strncpy(a,b,2);
    puts(a);
    return 0;
}
```

将字符串 b 复制到字符串 a，字符串 a 变为字符串 b

字符串 b “xyz”的前两个字符“xy”，替换了字符串 a “xyz”的前两个字符，所以字符串 a 仍然是“xyz”

四、strcmp() 和 strncmp() 函数

格式：`strcmp(s1,s2);`

功能：比较字符串 s1 和字符串 s2 的大小，返回比较结果。

　　如果 s1>s2，返回一个正整数。

　　如果 s1=s2，返回 0。

　　如果 s1<s2，返回一个负整数。

格式：`strncmp(s1,s2,n);`

功能：比较字符串 s1 和字符串 s2 前 *n* 个字符的大小，返回值的情况同函数 strcmp()。

Tips

字符串的大小

字符串的大小遵守“字典序”的规则。比较两个字符串的大小时，从左至右依次对比相应位置的字符，出现差异则按当前字符的 ASCII 码值决定字符串的大小。如果两个字符串前面的字符都相等，再比较字符串的长度。

比较字符串的示例如下。

"ABC" < "XYZ"　　　　// 首字符 A < X

"ABC" < "ABD"　　　　// 前两个字符都相等，第三个字符 C < D

"ABC" < "ABCD"　　　// 前三个字符都相等，ABCD 更长

"XY" > "ABCDEFG"　　// XY 虽短，但首字符 X > A

"abc" > "ABC"　　　　// 先比较首字符：a > A

例 38.3　strcmp 和 strncmp 语法练习

样例输入： dog bear

样例输出： dog>bear

程序代码

```
#include <iostream>
#include <cstring>
#include <cstdio>
using namespace std;
int main()
{
    char a[30],b[30];
    cin>>a>>b;
    if(strcmp(a,b)>0) printf("%s>%s\n",a,b);
    else if(strcmp(a,b)==0) printf("%s=%s\n",a,b);
    else printf("%s<%s\n",a,b);
    return 0;
}
```

读入两个字符串 a 和 b

比较字符串 a 和 b 的大小:“dog”虽然比“bear”短，但首字符 'd'>'b'，所以“dog”较大

Tips

（1）本节介绍的函数均需要包含库 <cstring>。

（2）使用函数连接和复制字符串时，注意保证数组要有足够的空间。

（3）字符串的比较遵循“字典序”规则。

（4）在 cstring 库中，还有一个好用的函数——memset()，功能是初始化数组，常用于将一维数组和二维数组初始化为 0。

假如将一个一维数组 int a[100] 清零，设置全局数组比较方便，也可以用一个循环来清零。如果是一个二维数组 int a[100][100]，则必须用一个双重嵌套循环来清零。

memset() 函数的格式如下。

```
memset(a,0,sizeof(a));
```

函数中有三个参数：第一个参数是数组名称 a；第二个参数是初始值 0；第三个参数是数组占用的空间 sizeof(a)。因为第二个参数的初始值是一个字节，而 int 数组每个元素是四个字节，因此会被初始化为 0x01010101，而不是 0x00000001。

作业 72 转换字母大小写字符串

题目描述 把一个字符串里所有的大写字母换成小写字母，小写字母换成大写字母，其他字符保持不变。

输入：输入一个字符串，总长度不超过 80，其中不含空格。

输出：输出转换好的字符串。

样例输入：ABCDefgh123

样例输出：abcdEFGH123

参考代码

```
#include <iostream>
#include <cstring>
using namespace std;
int main()
{
    char c[85],len,i;
    cin>>c;
    len=strlen(c);
    for(i=0;i<len;i++)
    {
       if(c[i]>='A' && c[i]<='Z') c[i]+=32;
       else if(c[i]>='a' && c[i]<='z') c[i]-=32;
    }
    cout<<c;
    return 0;
}
```

将大写字母转换成小写字母

这里不能用 if，否则刚转换为小写的字母又会被转换为大写字母

作业 73 判断字符串是否为回文字符串

题目描述 从键盘读入一个字符串，输出该字符串是否为回文字符串。回文指顺读和倒读的内容一样。

输入： 输入一个字符串，总长度不超过 100，其中不含空格。

输出： 如果字符串是回文字符串则输出 yes，否则输出 no。

样例输入： abcdedcba

样例输出： yes

注意

程序设置循环长度为 len/2 次，进入循环，判断前后字符是否相同，不相同一定不是回文字符串，立即结束循环；如果循环到最后一个字符，循环结束，那么字符串一定是回文字符串。

参考代码

```
#include <iostream>
#include <cstdio>
#include <cstring>
using namespace std;
int main()
{
    char c[105];
    int i,len;
    cin>>c;
    len=strlen(c);
    for(i=0;i<len/2;i++)
    {
      if(c[i]!=c[len-1-i])
      {
            cout<<"no";
            return 0;
      }
    }
    cout<<"yes";
    return 0;
}
```

第五章　string 类字符串

处理字符串的场景非常多，使用字符数组不方便，例如，复制字符串，通常使用 s1=s2 的形式；比较字符串，直接用 >, <, == 这样的运算符更简单；连接字符串，可以用运算符“+”。但是使用字符数组必须调用相应的函数。

基于这样的需求，C++ 提供了一套方便的方案——string 类字符串。

除了复制、连接、比较外，string 类字符串还能实现删除子串、替换子串、获取子串、查找子串等功能。

第三十九课 string 类字符串的定义和输入 / 输出

学习内容

- ✧ string 类字符串的定义和访问
- ✧ string 类字符串的长度获取
- ✧ string 类字符串的输入 / 输出
- ✧ getline() 函数

语 法

一、string 类字符串

1. string 类字符串的定义和访问

string 类是一种链式结构，无须预估字符串的存储空间。

使用 string 类须包含库 <string>，其定义和初始化方式如下。

```
#include <string>
string s;                   // 定义一个字符串 s 并初始化为空
string a="Computer";        // 定义一个字符串 a 并初始化为“Computer”
```

string 类访问元素的方式和字符数组一样使用下标，首字符的下标为 0，且仍以 '\0' 为结束符，例如，上面的字符串 a 被初始化后，a[0]='C'，a[1]='o'，…，a[7]='r'。

2. string 类字符串的长度获取

获取 string 类字符串的长度，要使用 s.size() 函数或 s.length() 函数。其中，s 为字符串的名称，用 s.size() 获取的字符串长度时，不包括结尾的 '\0'，示例代码如下。

```
len=s.size();               // 将字符串 s 的有效长度赋值给变量 len
```

3. string 类字符串的输入 / 输出

使用 cin 和 cout 可以输入 / 输出 string 类字符串（不能用 scanf 和 printf），cin 语句无法完整读取带空格的字符串。

例 39.1 string 类字符串输入 / 输出语法练习

样例输入： happy new year

样例输出： 5
happy
11
Hello World

程序代码

```
#include <iostream>
#include <string>
using namespace std;
int main()
{
    string s1;
    string s2="Hello World";
    cin>>s1;
    cout<<s1.size()<<endl;
    cout<<s1<<endl;
    cout<<s2.size()<<endl;
    cout<<s2<<endl;
    return 0;
}
```

- string s1;：定义 string 类字符串 s1 并初始化为空
- string s2="Hello World";：定义 string 类字符串 s2 并初始化为“Hello World”
- cin>>s1;：读入 s1，键盘输入的是“happy new year”，但 cin 无法完整读取带空格的字符串，所以只能读取“happy”
- cout<<s1.size()<<endl;：输出 s1 的长度，有效长度为 5
- cout<<s2.size()<<endl;：输出 s2 的长度，有效长度为 11

二、getline() 函数

无论对字符数组使用 cin / scanf 读入数据，还是对 string 类字符串使用 cin 读入数据，都无法完整读取带空格的字符串。读取单词，使用 cin 比较方便，如果想读取带空格的字符串，C++ 提供了函数 getline()。

格式：getline(cin,s);

功能：读入一个字符串并放入 s。其中，cin 是读入流，固定不变；s 是 string 类字符串，函数 getline() 的功能是将读入的内容放入字符串。

例 39.2 统计数字字符的个数

题目描述 从键盘读入一个字符串，统计其中数字字符的个数。

输入： 输入一个字符串，总长度不超过 255。

输出： 输出字符串中数字字符的个数。

样例输入： abcd123xyz4mn666

样例输出： 7

程序代码

```
#include <string>
#include <iostream>
using namespace std;
int main()
{
    string s;
    int len,sum=0;
    getline(cin,s);
    len=s.size();                    // 获取字符串的长度
    for(int i=0;i<len;i++)           // 从左到右枚举字符串，下标从 0 开始
    {
       if(s[i]>='0' && s[i]<='9')  sum++;
    }
    cout<<sum<<endl;
    return 0;
}
```

例 39.3 统计单词的个数

题目描述　从键盘读入一个字符串，总长度不超过 100，包含若干个单词，约定相邻的两个单词用一个空格隔开，统计单词的个数。

输入： 输入若干个单词，中间用空格隔开。

输出： 输出单词的个数。

样例输入： happy new year
^Z

样例输出： 3

程序代码

```
#include <string>
#include <iostream>
using namespace std;
string a;
int main()
{
     int cnt=0;
     while(cin>>a)
     {
        cnt++;
     }
     cout<<cnt;
     return 0;
}
```

从题目描述可知，字符串是有空格（一个或多个）的，所以使用 getline() 函数枚举字符串，通过空格来累计单词的个数，程序稍显复杂。有一种更巧妙的方法，可以利用 cin 忽略空格的特性，使用 cin>>a 读入一个单词，while(cin>>a) 的含义是，如果能读入一个单词，则进入循环

累加单词的个数

注意

“while(cin>>a)”这种巧妙方法只适用于“以空格分隔”的字符串，对逗号或其他符号分隔的字符串无效。

Tips

（1）string 类字符串定义时，无须指定空间大小。例如，“string s[100];”并不是定义字符串 s 的空间，而是定义了一个 string 类字符串数组，数组最多有 100 个 string 类字符串。

（2）string 类，读取单词用 cin 语句，读取句子用 getline() 函数。

注意

标题中可能包含英文字母（大、小写）、数字字符、空格和换行符。统计标题字符数时，空格和换行符不计算在内。

作业 74 统计标题字符的个数

题目描述 凯凯写了一篇作文，请问这篇作文的标题中有多少个字符？

输入：输入一个字符串。

输出：输出一个整数，即作文标题的字符数，不含空格和换行符。

样例输入：The citys

样例输出：8

参考代码

```
#include <iostream>
#include <cstring>
#include <string>
using namespace std;
string a;
int main()
```

```
{
    int l,i,sum=0;
    getline(cin,a);
    l=a.size();
    for(i=0;i<l;i++)
    {
        if(a[i]!=' ')
        {
            sum++;
        }
    }
    cout<<sum;
    return 0;
}
```

作业 75　输出最长和最短的单词

题目描述　输入一个长度不超过 250 位的字符串，包括小写字母和空格，小写字母组成单词，单词中间用一个空格隔开，字符串的开始和结束都没有多余空格，输出长度最长的单词和最短的单词。若有多个单词符合要求，只输出从左往右数第一个满足要求的单词。

输入： 输入一个字符串，由小写字母和空格组成。

输出： 输出有两行：第一行表示最长的单词；第二行表示最短的单词。

样例输入： this is my book
^Z

样例输出： this
is

参考代码

```
#include<bits/stdc++.h>
using namespace std;
string a;
int main()
{
    string maxstr,minstr;
    int maxx=0,minn=255;
    while(cin>>a)
    {
        if(a.size()>maxx)          // 打擂台找到最长单词
        {
            maxstr=a;
            maxx=a.size();
        }
        if(a.size()<minn)          // 打擂台找到最短单词
        {
            minstr=a;
            minn=a.size();
        }
    }
    cout<<maxstr<<endl<<minstr;
    return 0;
}
```

第四十课 string 类字符串的赋值、连接和比较

学习内容

- ✧ string 类字符串的赋值
- ✧ string 类字符串的连接
- ✧ string 类字符串的比较

语　法

string 类字符串设计了简捷的赋值、连接和比较语法，可以直接用运算符实现，比字符数组的 strcpy()、strcat()、strcmp() 函数更方便。

1. string 类字符串的赋值

格式：`s1=s2`

功能：将字符串 s2 赋值给字符串 s1，等效于 `strcpy(s1,s2)`。

2. string 类字符串的连接

格式：`s1+s2`

功能：将字符串 s2 连接到字符串 s1 的后面，类似 strcat(s1，s2)，但并不改变字符串 s1。如果要让字符串 s1 成为连接后的结果，须执行 s1+=s2;

连接运算符很好用，例如，要将字符串中有用的字符提取出来形成一个新串，可以新建一个空串，把字符一个个连接上去。

3. string 类字符串的比较

格式：`s1>s2`

功能：返回 s1>s2 的逻辑值（true 或 false），同理还有用“<，<=，>=，==，!=”等运算符来比较 string 类字符串，也返回逻辑值。

例 40.1 string 类运算符语法练习

样例输入： ABCD xyz

样例输出： a<b

xyz

xyzxyz

程序代码

```
#include <iostream>
#include <string>
using namespace std;
string a,b;
int main()
{
    cin>>a>>b;
    if(a>b) cout<<"a>b"<<endl;
    else if(a==b) cout<<"a==b"<<endl;
    else cout<<"a<b"<<endl;
    a=b;
    cout<<a<<endl;
    a+=b;
    cout<<a<<endl;
    return 0;
}
```

- cin>>a>>b;：读取两个单词放入字符串 a 和 b 中
- if(a>b)：判断字符串的大小
- a=b;：执行 a=b 后，字符串 a 的值变为字符串 b 的值——xyz
- a+=b;：执行 a+=b 后，字符串 a 的值变为 a+b 的结果——xyzxyz

例 40.2 删除指定字符

题目描述 从键盘输入一个字符串 str 和一个字符 c，删除 str 中所有的字符 c 并输出删除后的字符串。

输入：输入有两行：第一行输入一个字符串，字符串不含空格且长度不超过 100；第二行输入一个字符。

输出：输出删除指定字符后的字符串。

样例输入：abcdefgabc
a

样例输出：bcdefgbc

程序代码

```
#include <iostream>
#include <string>
using namespace std;
string a,b;
char c;
int main()
{
    int i;
    cin>>a>>c;
    for(i=0;i<a.size();i++)
    {
       if(a[i]!=c) b+=a[i];
    }
    cout<<b;
    return 0;
}
```

- string a,b;：定义两个 string 类字符串 a 和 b：a 存放读入的字符串；b 是空串，将存放目标字符串
- char c;：定义字符变量 c，存放要删除的字符
- cin>>a>>c;：读入的字符串不带空格，所以用 cin 读入
- for(i=0;i<a.size();i++)：枚举字符串 a 的每个字符
- if(a[i]!=c) b+=a[i];：如果字符不等于 c，则将字符连接到 b
- cout<<b;：输出删除指定字符后的字符串

例 40.3 对比字符串

题目描述 从键盘读入两个仅由大写字母或小写字母组成的字符串，每个字符串的长度不超过 100，它们之间的关系有以下四种情况。

① 两个字符串的长度不等，例如，Beijing 和 Hebei 。

② 两个字符串的长度相等，而且相应位置上的字符完全一致（区分大小写），例如，Beijing 和 Beijing。

③ 两个字符串的长度相等，相应位置上的字符仅在不区分大小写的前提下才能达到完全一致，例如，beijing 和 BEIjing。

④ 两个字符串的长度相等，即使不区分大小写这两个字符串也不一致，例如，Beijing 和 Nanjing。

判断输入的两行字符串的关系属于这四种情况中的哪一种，给出对应的编号。

输入： 输入有两行，每行都是一个字符串。

输出： 输出一个数字，表明这两个字符串的关系编号。

样例输入： BEIjing
beiJing

样例输出： 3

程序代码

```
#include <iostream>
#include <string>
using namespace std;
string a,b;          // 定义 string 类字符串 a 和 b
int main()
{
    int i;
```

```
    cin>>a>>b;                    读入两个单词，每行一个
    if(a.size()==b.size())
    {
        if(a==b)
        {                         判断两个字符串是否相等
            cout<<2;
        }
        else
        {                                         将两个单词字母都转换为
            for(i=0;i<a.size();i++)               小写字母
            {
                if(a[i]>='A' && a[i]<='Z') a[i]+=32;
                if(b[i]>='A' && b[i]<='Z') b[i]+=32;
            }
            if(a==b)
            {                     再判断忽略大小写后两个单词是否相等
                cout<<3;
            }
            else
            {
                cout<<4;
            }
        }
    }
    else
    {
        cout<<1;
    }
    return 0;
}
```

Tips

运算符“+”在 string 类中是连接的功能，表达式“a+b”可以连接 a 和 b，但并不会改变 a 的值。

作业 76　输出字典序中最小的字符串

题目描述　从键盘读入 *n* 个不同的字符串，输出字典序最小的字符串。

输入：第一行输入一个正整数 *n*。接下来输入 *n* 行，每行一个长度小于 80 的字符串，字符串中不包含换行符、空格、制表符。

输出：输出字典序最小的字符串。

样例输入：

```
5
Li
Wang
Zha
Jin
Xian
```

样例输出：Jin

参考代码

```
#include <iostream>
#include <string>
using namespace std;
int main()
{
```

```
    int n,i;
    string s,minn="z";
    cin>>n;
    for(i=1;i<=n;i++)
    {
       cin>>s;
       if(s<minn) minn=s;
    }
    cout<<minn;
    return 0;
}
```

作业 77 分离字符串

题目描述 从键盘读入一个字符串，总长度不超过 255 且不含空格。将大写字母反向连成字符串，将小写字母正向连成字符串，最后输出一个字符串。

输入：输入一个字符串。

输出：输出所有分离后符合条件的字符连接成的字符串。

样例输入：7DVesb#Ft%

样例输出：FVDesbt

参考代码

```
#include <iostream>
#include <string>
using namespace std;
string s,a,b,c;
```

```
int main()
{
     int i;
     cin>>s;
     for(i=0;i<s.size();i++)
     {
        if(s[i]>='A' && s[i]<='Z') a+=s[i];      // 找出大写字母
        else if(s[i]>='a' && s[i]<='z') b+=s[i];  // 找出小写字母
     }
     for(i=a.size()-1;i>=0;i--) c+=a[i];          // 将大写字母逆序
     c+=b;
     cout<<c;
     return 0;
}
```

第四十一课
string 类字符串的常用函数

学习内容

✧ string 类字符串的常用函数

语　法

查找、插入、删除、获取字符串中的元素可以通过调用函数实现。常用的 string 类函数如表 5-1 所示。

表 5-1　常用 string 类函数

函　数	功　能	说　明
s.find(s2,pos)	查找字符串	在字符串 s 中，从下标 pos 的元素开始，查找字符串 s2 第一次出现的位置，如果找到，返回下标；如果没找到，返回 -1；如果 pos 选择默认值，则从 s 的下标 0 开始查找
s.insert(pos,s2)	插入字符串	在字符串 s 中，在下标 pos 的元素前插入字符串 s2
s.substr(pos,len)	获取子串	在字符串 s 中，从下标 pos 的元素开始，获取 len 个字符，如果没有 len，就一直取到最后一个字符
s.erase(pos,len)	删除子串	在字符串 s 中，从下标 pos 的元素开始，删除 len 个字符，如果没有 len，一直删除到最后一个字符
s.replace(pos,len,s2)	替换子串	在字符串 s 中，从下标 pos 的元素开始，删除 len 个字符，并在下标 pos 处插入字符串 s2

例 41.1　查找字符串

➲ 输出：2

2

-1

程序代码

```cpp
#include <iostream>
#include <string>
using namespace std;
int main()
{
    int p;
    string s="ABCDEFG", s2="CD";
    p=s.find(s2,2);
    cout<<p<<endl;
    p=s.find(s2);
    cout<<p<<endl;
    p=s.find(s2,3);
    cout<<p<<endl;
    return 0;
}
```

定义一个整型变量 p 存放查找结果

读入两行字符串

从下标 2 开始查找字符串 s2，如果可以找到，出现的下标是 2 则输出 2

从下标 0 开始查找字符串 s2，如果可以找到，出现的下标是 2 则输出 2

从下标 2 开始查找字符串 s2，如果找不到则输出 −1

将查找结果赋值给一个整型变量，如果直接输出，例如，"cout<<s.find(s2,3);" 会输出 4294967295

例 41.2 插入字符串

➡ **输出**：ABCxyzDEFG

程序代码

```cpp
#include <iostream>
#include <string>
using namespace std;
int main()
{
```

```
    int p;
    string s="ABCDEFG", s2="xyz";
    s.insert(3,s2);
    cout<<s;
    return 0;
}
```

定义并初始化字符串 s，s2

从字符串 s 的下标 3 开始插入字符串 s2

例 41.3 获取子串

输出: CDE

CDEFG

ABCDEFG

程序代码

```
#include <iostream>
#include <string>
using namespace std;
int main()
{
    int p;
    string s="ABCDEFG",s2;
    s2=s.substr(2,3);
    cout<<s2<<endl;
    s2=s.substr(2);
    cout<<s2<<endl;
    cout<<s<<endl;
    return 0;
}
```

定义并初始化字符串 s，s2

从字符串 s 的下标 2 开始，获取长度为 3 的子串并赋值给字符串 s2，输出 s2 为“CDE”

从字符串 s 的下标 2 开始，获取包含后面所有字符的子串并赋值给 s2，输出 s2 为“CDEFG”

输出初始的字符串 s，没有变化

例 41.4 删除子串

输出：ABFG

AB

程序代码

```
#include <iostream>
#include <string>
using namespace std;
int main()
{
    int p;
    string s="ABCDEFG";
    s.erase(2,3);
    cout<<s<<endl;
    s.erase(2);
    cout<<s<<endl;
    return 0;
}
```

定义并初始化字符串 s

从字符串 s 的下标 2 开始，删除长度为 3 的子串，输出字符串 s 为“ABFG”

没有参数 len，则从字符串 s 的下标 2 开始，删除后面的所有字符，输出字符串 s 为“AB”

例 41.5 替换子串

输出：ABxyzEFG

注意

s.replace(2,2,s2) 中的第二个参数“2”表示长度 len，不可省略。

程序代码

```
#include <iostream>
#include <string>
using namespace std;
int main()
{
    int p;
    string s="ABCDEFG",s2="xyz";
    s.replace(2,2,s2);
    cout<<s<<endl;
    return 0;
}
```

定义并初始化字符串 s，s2

从字符串 s 的下标 2 开始，将长度为 2 的子串替换为字符串 s2，字符串 s 更新为“ABxyzEFG”

Tips

（1）字符串下标从 0 开始。

（2）对字符串 s 执行插入、删除、替换操作后会改变 s 的值，查找和获取子串不会改变字符串 s 的值。

例 41.6 输出子串的位置

题目描述　判断一个父字符串 a 中是否存在子字符串 b。如果存在，则输出 b 在 a 中所有的起始位置；如果不存在，则输出 -1。例如，父字符串 a ="Go Abc good goole!"，子字符串 b ="go"，输出如下。

8

13

输入： 输入有两行：第一行输入父字符串；第二行输入子字符串。每行字符串的长度不超过 100。

输出： 输出子字符串在父字符串中所有的位置，如果父字符串中不存在子字符串，输出 -1。

解法一：用 s.find() 函数从父字符串开始查找子字符串，不断右移，直到不能再找到为止。

样例输入： Go Abc good goole!
go

样例输出： 8
13

程序代码

```
#include <iostream>
#include <string>
using namespace std;
string a,b;
int main()
{
    int pos;
    getline(cin,a);
    cin>>b;
    pos=a.find(b);
    if(pos==-1) cout<<"-1";
    else
    {
      while(pos!=-1)
      {
          cout<<pos+1<<endl;
          pos++;
```

定义变量 pos 存放找到的子串的下标

因为父字符串 a 有空格，所以用 getline() 函数读入

读入要找的字符串

从父字符串第一个字符开始查找

如果没找到，输出 -1

如果找到，输出位置后继续查找

pos 是下标，从 0 开始，要求输出的位置从 1 开始，所以 pos 的值要 +1

将查找位置向右移动

```
            pos=a.find(b,pos);                  // 从新的 pos 下标继续查找
        }
    }
    return 0;
}
```

解法二：用 s.substr() 函数在父字符串中获取与子字符串相同长度的子串，两个子字符串之间进行比较。

样例输入： Go Abc good goole!
go

样例输出： 8
13

程序代码

```
#include <iostream>
#include <string>
using namespace std;
string a,b;
int main()
{
    int i,pos,lena,lenb,flag=0;
    getline(cin,a);
    cin>>b;
    lena=a.size();
    lenb=b.size();
    for(i=0;i<lena-lenb;i++)
    {
        if(a.substr(i,lenb)==b)
```

定义变量 flag 作为标志，表示是否找到相同的子串，并初始化为 0（int i,pos,lena,lenb,flag=0;）

求解字符串 a 的长度 lena（lena=a.size();）

求解字符串 b 的长度 lenb（lenb=b.size();）

i 作为获取子串的起始下标，从 0 开始到 lena-lenb，依次取出长度为 lenb 的子串（for(i=0;i<lena-lenb;i++)）

判断取得的子串是否与 b 相同（if(a.substr(i,lenb)==b)）

```
        {
            cout<<i+1<<endl;
            flag=1;
        }
    }
    if(flag==0) cout<<"-1";
    return 0;
}
```

如果相同则输出 i+1，即找到的位置

表示找到相同的子串

如果 flag 的值为 0，表示没找到相同的子串，输出“-1”

作业 78 插入字符串

题目描述 从键盘读入一个字符串 s2，插到一个字符串 s1 的第 *p* 个字符之后。

输入： 输入有三行：第一行输入字符串 s2；第二行输入字符串 s1；第三行输入位置 *p*。位置 *p* 一定是 1 到 s1 的字符串长度之间的整数，字符串均不包含空格。

输出： 输出组合后的字符串。

样例输入： qwe

jij

3

样例输出： jijqwe

参考代码

```
#include <iostream>
#include <string>
using namespace std;
string s1,s2;
int p;
int main()
{
    cin>>s2>>s1>>p;
    s1=s1.insert(p,s2);
    cout<<s1;
    return 0;
}
```

作业 79 替换单词

题目描述　从键盘读入一个英文句子，不小心拼错了一个单词，将 book 误写成了 ruler，请编写程序，纠正这个错误，输出正确的句子。

输入：输入一个英文句子，句子中包含大小写字母、空格和英文的标点，总长度不超过 1000 个字符，且错写的单词 ruler 一定都是小写字母。

输出：输出正确的英文句子。

样例输入：This is my ruler, your ruler is there.

样例输出：This is my book, your book is there.

参考代码

```
#include <iostream>
#include <string>
using namespace std;
string s;
int main()
{
    int p;
    getline(cin,s);
    p=s.find("ruler");
    while(p!=-1)
    {
       s.replace(p,5,"book");
       p++;
       p=s.find("ruler",p);
    }
    cout<<s;
    return 0;
}
```

第四十二课 string 类字符串的应用实例

学习内容

✧ 灵活运用字符串的运算符、函数解决问题

例 42.1 输出词组的缩写

题目描述 一个词组中每个单词的首字母的大写组合称为该词组的缩写。例如，C 语言里常用的 EOF 就是 end of file 的缩写。

输入： 输入一个词组，总长度不超过 200，词组由一个或多个单词组成；单词的个数不超过 10 个，每个单词由一个或多个大写字母或小写字母组成；单词的长度不超过 10，用一个或多个空格隔开这些单词。

输出： 输出规定的缩写。

样例输入： end of line
^Z

样例输出： EOL

程序代码

```
#include <iostream>
#include <string>
using namespace std;
string a,b;
int main()
```

定义字符串 a 存放读入的字符串；b 是空串，存放目标字符串

```
{
    while(cin>>a)
    {
        if(a[0]>='a' && a[0]<='z') a[0]-=32;
        b+=a[0];
    }
    cout<<b;
    return 0;
}
```

读入字符串 a

对字符串 a 中每个单词的首字母进行判断，即 a[0]，如果是小写字母则转换为大写字母

将转换好的字符串 a 的首字母连接到字符串 b

输出词组缩写

例 42.2 查找子串并替换

题目描述 从键盘读入一个句子，实现查找并替换的功能（找到某个子串并换成另一子串）。例如，将“abcf　abdabc”中的“abc”，替换为“AA”，则替换结果为“AAf　abdAA”；将“abcf　abdabc”中的“abc”替换为“abcabc”，则替换结果为“abcabcf　abdabcabc”。查找子串时要注意，大小写字母完全一致，才能作为子串，例如，在“Abcf abd Abc”中，子串“abc”是不存在的。

输入： 输入有三行：第一行输入原来的字符串；第二行输入要查找的子串；第三行输入替换后的子串，三个字符串都可能包含空格。

输出： 输出替换好的字符串。

样例输入：

abcf abdabc

abc

AA

样例输出： AAf abdAA

程序代码

```cpp
#include <iostream>
#include <string>
using namespace std;
string a,b,c;
int main()
{
    int len,x;
    getline(cin,a);
    getline(cin,b);
    getline(cin,c);
    len=b.size();
    x=a.find(b);
    while(x!=-1)
    {
        a.replace(x,len,c);
        x+=c.size();
        x=a.find(b,x);
    }
    cout<<a;
    return 0;
}
```

定义三个字符串 a，b，c，分别存放原来的字符串、要查找的子串和替换后的子串

三个字符串可能包含空格，所以要用 getline() 函数读入

计算字符串 b 的长度 len

在字符串 a 中查找字符串 b 的位置并放入 x

如果找到字符串 b，进入循环

将从下标 x 开始长度为 len 的子串替换为字符串 c

替换为字符串 c 后，要从字符串 c 后面继续查找，所以要跳过字符串 c 的长度

继续查找字符串 b

作业 80 连接字符串

题目描述　　从键盘读入两个字符串，在将它们进行拼接，在拼接过程中每个字母只允许出现一次。例如，两个字符串 s1="adeab"，s2="fcadex"，那么拼接时 s1 留下 adeb（第二个字母 a 出现过了，就舍去），再将 s2 连接到 s1 后变成 adebfcx，两个字符串中重复的字符都要舍去，但剩余字母的顺序不要调整。

输入： 输入有两行，每行输入一个只包含小写字母的字符串。

输出： 输出连接后的字符串。

样例输入： abc
daaeb

样例输出： abcde

参考代码

```
#include <iostream>
#include <string>
using namespace std;
string a,b,c;
int main()
{
    int i;
    cin>>a>>b;
    for(i=0;i<a.size();i++)
    {
      if(c.find(a[i])==-1) c+=a[i];
    }
    for(i=0;i<b.size();i++)
    {
      if(c.find(b[i])==-1) c+=b[i];
    }
    cout<<c;
    return 0;
}
```

作业 81　删除字符串中间的“*”

题目描述　输入一个字符串，将字符串前后的“*”保留，将中间的“*”删除。

输入： 输入一行含“*”的字符串。

输出： 输出删除“*”后的字符串。

样例输入： ***ABC123**123*abc***********

样例输出： ***ABC123123abc***********

参考代码

```
#include <iostream>
#include <string>
using namespace std;
string a,b,c;
int main()
{
    int i,flag=0,len;
    cin>>a;
    len=a.size();
    for(i=0;i<len;i++)
    {
      if(a[i]=='*')
      {
          if(flag==0) b+='*';     // 前面的 '*' 连接到 b
          else c+='*';            // 后面的 '*' 连接到 c
      }
      else
      {
          b+=a[i];
          flag=1;                 // 用变量 flag 作为前面的 '*' 结束了的标志
          c="";
      }
    }
    b+=c;                         // 将 c 连接到 b 的后面
    cout<<b;
    return 0;
}
```

第六章　函数

随着程序规模的增加，复杂性的增强，如果把所有的代码都放在主函数 main() 中，会使主函数过于庞大，各程序段的功能不清晰，不易于阅读和维护；另外，如果要多次使用同一个功能，就要多次重复编写相同的代码，会使程序过于冗长。

因此，程序设计中常使用“模块化设计”的思想，把一个大的问题分解为一些小的相对独立的模块分别设计，再整合起来。就好比计算机的组装，主板、硬盘、内存、电源等部件，都是先单独设计好，再进行组装，如果有部件损坏，只维修或更换损坏的部件即可。

在程序中，这些模块就是“函数”，英文是“function”，就是“功能”的意思。

函数主要解决两方面的问题：一是“代码复用”；二是“问题分解”。

第四十三课 函数的概念

学习内容

- ✧ 函数的概念
- ✧ 函数的定义和调用

语 法

1. 函数的概念

函数是 C++ 程序的基本单位，是可以实现特定功能的模块。

每个 C++ 程序都有且只有一个主函数 main()。每个 C++ 程序都是从 main() 函数开始运行的，到 main() 函数的“`return 0;`”结束。

函数可以分为库函数和自定义函数。stdio 库中实现输入 / 输出功能的 scanf()，printf() 等函数、cmath 库中的 abs()，sqrt() 等函数、cstring 库中的 strlen()，strcat() 等函数，都是库函数。C++ 已经把一些常用功能的代码写好并封装在一个库里，只要调用即可使用。有些功能并没有库函数可以调用，必须自己编写。

2. 函数的定义

函数必须先定义，后使用。自定义函数，必须做好定义、声明和设计函数体内容的工作。函数定义的格式如下。

```
类型名  函数名（形式参数列表）
{
    函数体
}
```

➢类型名：函数返回值的数据类型，可以是 int、double 等基本的数据类型，也可以是结构体等类型。所谓返回值，就是执行函数功能后输出的结果。函数也可以无返回值，使用

void 作为类型名即可。

➢ 函数名：给这个自定义函数起的名字，函数名的命名规则与标识符（由字母、数字、下画线组成，以字母、下画线开头）的命名规则相同，命名函数时尽量反映函数功能。

➢ 形式参数列表：指定形式参数的数据类型和名称，如果有多个参数则用逗号隔开。函数也可以没有参数，称无参函数。无论有没有参数，都必须使用括号“()”。

➢ 函数体：完成函数功能的代码，放在花括号“{ }”中。函数体也可以没有语句，称为空函数。

函数的类型和参数之间并无关联，从函数结构来看，可以分为以下四种。

（1）无类型，无参数，例如，`void fun()`。

（2）无类型，有参数，例如，`void fun(int a)`。

（3）有类型，无参数，例如，`int fun()`。

（4）有类型，有参数，例如，`int fun(int a)`。

3. 函数的调用

函数调用的格式如下。

```
函数名 （实参列表）;          //如果函数无参数，则括号中内容为空
```

调用函数时，可以把函数单独作为一个语句，此时函数完成一个功能即可，例如，“`fun(5);`”。

如果函数有返回值，也可以对函数执行的结果（返回值）进行输出、判断或赋值，例如，“`printf("%d",fun(5));`”“`if(fun(5)>0)`”“`s=fun(5);`”。

如果函数有参数，定义函数时参数列表中的参数称为“形式参数”，简称“形参”。调用函数时括号内的参数称为“实际参数”，简称“实参”。在调用函数时，系统会把实参的值传递给形参，并在函数执行期间参与运算。

实参可以是常量、变量或表达式。

调用函数时使用的实参与形参必须保证个数相同、顺序相同、数据类型相同。

4. 函数的返回值

函数的返回值是通过函数体内的 return 语句获得的。

一个函数中可以有多个 return 语句，但只有一个会被执行，执行 return 后此函数就结束了。

void 类型的函数，可以有 return 也可以没有，但 return 语句不能带返回值。

非 void 类型的函数，必须有 return 且必须带返回值，返回值可以是常量、变量或表达式，如果 return 后面的返回值与定义的函数类型名不同，则会自动转换为定义的类型名。

5. 函数的声明

自定义函数除了编写函数定义的代码外，还要在程序中进行声明，让编译器知道这个程序中有这个函数，声明的方式是将声明放在程序代码的上面部分，即所有函数之前。声明格式如下。

类型名　函数名（形式参数列表）;

声明了函数后，函数定义的代码可以放置在程序的任意位置。如果没有声明函数，必须确保在调用主函数之前已定义过函数，否则编译器会突然发现某个函数被调用而事先不知，导致无法编译。

当代码规模较大时，把所有自定义函数都做声明是最稳妥的；当代码规模较小时，不做声明而将函数定义放在前面也是一种常见的方式。

例 43.1　函数语法练习①

题目描述　用自定义函数的方式输出一个星号矩阵。

输出：

```
*****
*****
*****
```

程序代码

```
#include <iostream>
using namespace std;
void put_star();
int main()
{
    put_star();
    put_star();
    put_star();
    return 0;
}
void put_star()
{
    cout<<"*****"<<endl;
}
```

函数声明

调用函数

调用函数

调用函数

定义函数，功能是输出五个星号并换行继续输出，没有参数，也没有返回值

如果不声明函数，那么函数定义部分必须放在主函数 main() 的前面，代码如下。

```
#include <iostream>
using namespace std;
void put_star()
{
    cout<<"*****"<<endl;
}
int main()
{
```

定义函数，放在主函数 main() 的前面

```
    put_star();      调用函数
    put_star();      调用函数
    put_star();      调用函数
    return 0;
}
```

如果每行星号的数量不同，可不可以用一个函数来实现呢？

例 43.2 函数语法练习②

题目描述 输出每行星号数量不同的星号矩阵，可以加入参数，用一个参数 *n* 表示这一行星号的数量。

输出：

```
***
*****
*******
```

程序代码

```
#include <iostream>
using namespace std;
void put_star(int n)          定义一个带参数的函数，参数 n
{                             表示要输出的星号数量
    for(int i=1;i<=n;i++)
    {
        cout<<"*";            输出 n 个 "*"
    }
    cout<<endl;
}
int main()
```

```
{
    put_star(3);
    put_star(5);
    put_star(7);
    return 0;
}
```

调用函数，实参值为“3”表示输出三个星号

例 43.3 输出三个数中最大的数

题目描述 从键盘读入三个不相等的整数，输出其中最大的数。

输入： 输入三个不相等的整数，中间用空格隔开。

输出： 输出最大的整数。

样例输入： 10 20 5

样例输出： 20

程序代码

```
#include <iostream>
using namespace std;
int max(int x,int y)
{
    if(x>y) return x;
    else return y;
}
int main()
{
    int a,b,c;
    cin>>a>>b>>c;
    cout<<max(a,max(b,c));
    return 0;
}
```

定义一个函数 max()，有两个整型变量参数，返回二者之间的较大值。参数列表中的参数类型即使相同也必须单独定义，例如，“int max(int x,y)”就是错的

读入三个整数

输出 a,b,c 三个数中的最大值。调用 max() 函数只能有两个实参，这里 a 是一个实参，函数 max(b,c) 是另一个实参。函数也可以作为实参

Tips

（1）函数必须先定义后使用。

（2）函数的命名最好能表达函数功能。

（3）实参与形参的个数、顺序、类型必须一致。

作业 82 计算 1!+2!+3!+…+n! 的值

题目描述 计算 1!+2!+3!+…+n! 的值。

输入：输入一个整数 n（$1 \leqslant n \leqslant 10$）。

输出：输出 1!+2!+…+n! 的值。

样例输入：3

样例输出：9

参考代码

```
#include <iostream>
using namespace std;
int fac(int n)
{
     int i,s=1;
     for(i=1;i<=n;i++)  s*=i;
     return s;
}
int main()
{
     int n,i,sum=0;
     cin>>n;
     for(i=1;i<=n;i++)
```

返回 n 的阶乘

```
    {
        sum+=fac(i);        // 累加 i 的阶乘
    }
    cout<<sum;              // 输出阶乘和
    return 0;
}
```

作业 83 输出数字之和为 13 的整数个数

题目描述 从键盘读入一个整数 n，在 1 ～ n 范围内的整数中，求出其各数位的数字之和为 13 的整数个数。例如，85 的数字之和为 8+5=13；373 的数字之和为 3+7+3=13。

输入： 输入一个整数 n（$n \leqslant 10\,000\,000$）。

输出： 输出符合条件的整数个数。

样例输入： 1000

样例输出： 75

参考代码

```
#include <iostream>
using namespace std;
int ds(int a)               // 返回 a 的数字和
{
    int s=0;
    while(a)
    {
        s+=a%10;
        a/=10;
```

```
    }
    return s;
}
int main()
{
    int n,i,sum=0;
    cin>>n;
    for(i=1;i<=n;i++)
    {
       if(ds(i)==13) sum++;          // 判断数字和是否为 13
    }
    cout<<sum;
    return 0;
}
```

第四十四课
判断素数

学习内容

✧ 判断素数

语　法

素数（Prime number），也称质数，即在大于 1 的自然数中，除了 1 和它本身再无其他因子的自然数。如果大于 1 的自然数除了 1 和自身外还有其他因子，则称为合数。

判断一个整数是否为素数，可以定义一个函数，该函数包含一个参数，即要判断的整数，判断的结果是一个布尔值，定义 true 为素数，false 为非素数。

例 44.1 判断是否为素数

题目描述　从键盘读入一个正整数 *n*，如果 *n* 是素数则输出 yes，否则输出 no。

输入： 输入一个正整数 *n*。

输出： 如果 *n* 是素数则输出 yes，否则输出 no。

样例输入： 97

样例输出： yes

程序代码

```
#include <iostream>
#include <cmath>
using namespace std;
bool is_prime(int n)        // 判断 n 是否为素数
{
```

```
    int i,k=sqrt(n);
    if(n<2) return false;
    for(i=2;i<=k;i++)
    {
       if(n%i==0) return false;
    }
    return true;
}
int main()
{
    int n;
    cin>>n;
    if(is_prime(n)) cout<<"yes";
    else cout<<"no";
    return 0;
}
```

为了降低循环次数，可以从 2 枚举到 n 的平方根，这里的 k 是 n 的平方根向下取整的值

小于 2 的数不是素数

从 2 开始枚举比 n 小的数，i<=k 可以写成 i*i<=n，但不能写成 i<k

如果找到 n 的因子，立即判断 n 不是素数

如果循环结束，意味着没找到因子，则 n 是素数

判断实参 n 是否为素数

例 44.2 输出绝对素数

题目描述 如果一个两位数是素数，且它各位上的数对换后仍为素数，则这个两位数为绝对素数，例如，13。输出所有两位数中的绝对素数。

输出：从小到大输出若干个绝对素数，每行一个。

输出：11 13 17 31 37 71 73 79 97

程序代码

```
#include <iostream>
#include <cmath>
using namespace std;
bool is_prime(int n)
{
    int i,k=sqrt(n);
    if(n<2) return false;
    for(i=2;i<=k;i++)
    {
        if(n%i==0) return false;
    }
    return true;
}
bool judge(int a)
{
    int b;
    b=a%10*10+a/10;
    if(is_prime(a) && is_prime(b)) return true;
    else return false;
}
int main()
{
    int i;
    for(i=11;i<=99;i++)
    {
        if(judge(i)) cout<<i<<" ";
    }
    return 0;
}
```

判断 n 是否为素数

判断 a 是否为绝对素数

将 a 的个位与十位对换后放入变量 b 中

判断 a 和 b 是否同时为素数，如果条件成立，则 a 为绝对素数

枚举 11 ～ 99 之间所有的两位数

如果是绝对素数则输出这个数

例 44.3 输出素数回文数

题目描述 如果一个数从左边读和从右边读都是同一个数，就称为回文数，例如，686 就是一个回文数。输出 10 ～ 1000 之间所有既是回文数又是素数的自然数。

输出：输出若干个素数回文数，每行一个。

输出：11 101 131 151 181 191 313 353 373 383 727 757 787 797 919 929

程序代码

```
#include <iostream>
#include <cmath>
using namespace std;
bool is_prime(int n)          // 定义函数 is_prime()，用于判断 n 是否为素数
{
    int i,k=sqrt(n);
    if(n<2) return false;
    for(i=2;i<=k;i++)
    {
      if(n%i==0) return false;
    }
    return true;
}
bool hw(int n)                // 定义函数 hw() 判断 n 是否为回文数
{
    int x=n,y=0;
```

```
    while(n)
    {
        y=y*10+n%10;
        n/=10;
    }
    return x==y;
}
int main()
{
    int i;
    for(i=10;i<=1000;i++)
    {
        if(is_prime(i) && hw(i)) cout<<i<<" ";
    }
    return 0;
}
```

枚举 10~1000 之间所有的数

如果既是素数又是回文数则输出

Tips

（1）判断素数的函数中 for 循环的范围是 2 ～ k，容易误写成 i=1，或 i<k。

（2）当有多个自定义函数且未做声明时，注意函数放置的先后次序，被调用的函数的定义要放在前面。例 44.2 创建了两个自定义函数：is_prime() 和 judge()，其中 judge() 函数有一个参数 a，用于判断 a 是否为绝对素数。judge() 函数调用了 is_prime() 函数且没有使用声明，所以 is_prime() 函数的定义必须放在 judge() 函数的前面。

作业 84 输出孪生素数

题目描述 如果 *a* 和 *a*+2 都是素数（如 5 和 7），那么我们就称 *a* 和 *a*+2 是一对孪生素数。输出 2 ～ *n* 之间所有的孪生素数。

输入： 输入一个整数 *n*（2<*n*<1000）。

输出： 输出若干行，每行输出两个用空格隔开的整数，即一对孪生素数。

样例输入： 10

样例输出：
3 5
5 7

参考代码

```
#include <iostream>
#include <cmath>
using namespace std;
bool is_prime(int n)          // 判断 n 是否为素数
{
     int i,k=sqrt(n);
     if(n<2) return false;
     for(i=2;i<=k;i++)
     {
        if(n%i==0) return false;
     }
     return true;
}
int main()
{
```

```
    int n,i;
    cin>>n;
    for(i=2;i<=n-2;i++)
    {
       if(is_prime(i) && is_prime(i+2))
       {
            cout<<i<<" "<<i+2<<endl;
       }
    }
    return 0;
}
```

注意枚举范围，小于 2 的不是素数，所以从 2 开始枚举，枚举到 n-2，因为下一个数是 i+2，如果枚举到 n 则会超过 n 的范围

作业 85　输出 *n* 以内的全部素数，并按每行五个数显示

题目描述　从键盘读入一个整数 *n*，输出 *n* 以内的全部素数，并按每行五个数显示。

输入： 输入一个整数 *n*（$n \leqslant 1000$）。

输出： 按要求输出所有满足条件的素数。

样例输入： 30

样例输出：
2 3 5 7 11
13 17 19 23 29

参考代码

```
#include <iostream>
#include <cmath>
using namespace std;
bool prime(int n)
{
```

```
    int i,k=sqrt(n);
    if(n<2) return 0;
    for(i=2;i<=k;i++)
    {
       if(n%i==0) return 0;
    }
    return 1;
}
int main()
{
    int n,i,cnt=0;
    cin>>n;
    for(i=2;i<=n;i++)
    {
       if(prime(i))
       {
            cout<<i<<" ";
            cnt++;
            if(cnt%5==0) cout<<endl;
       }

    }
    return 0;
}
```

第四十五课
全局变量和局部变量

学习内容

- ✧ 变量的作用域
- ✧ 全局变量和局部变量

语 法

C++ 的变量须先定义后使用，定义变量的位置决定了变量有效的范围，即作用域。

一、全局变量

定义在函数体外的变量，称为全局变量，作用域是从定义的位置到整个程序结束。

全局变量在作用域内可以被所有函数共用，用静态方式存储，即有固定的存储空间，这个空间不再分配给其他变量使用。当定义了一个全局变量后，其值会被初始化为 0。

二、局部变量

定义在函数体内的变量，称为局部变量。主函数 main() 内定义的变量、函数的参数，都是局部变量。

局部变量的作用域与其在函数中定义的位置有关，如果定义在函数体开始（或参数）的位置，其作用域是本函数内部；如果定义在函数体内的复合语句中（例如，在 for，while，if 等语句的花括号内），其作用域是该复合语句内部。

局部变量默认采用动态方式存储，当函数执行时，才分配内存供局部变量使用，函数运行结束后，使用的内存会被释放，因此局部变量的初始值并不确定，是一个随机值，示例代码如下。

注意

局部变量也可使用 static 关键字设置为静态存储方式。

```
int x,y;
void fun1(int m)
{
        int a,b,
        for(int i=1;i<=10;i++)
        {
              …
        }
}
int c,d;
void fun2()
{
     int e,f;
     …
}
```

x，y 为全局变量，作用域从当前位置到整个程序结束

m 为局部变量，作用域是函数 fun1 内部

a，b 为局部变量，作用域是函数 fun1() 内部

i 为局部变量，作用域是这个 for 循环体内部

c，d 为全局变量，作用域从当前位置到整个程序结束

e，f 为局部变量，作用域是函数 fun2() 内部

三 、处理同名变量

在不同函数中，定义的局部变量可以同名，在各自的函数中有效，是相互独立的变量。

同一源文件中的全局变量不可同名。

全局变量与局部变量同名时，函数内的局部变量会屏蔽全局变量，即当程序调用此函数时，使用这个变量名是对局部变量执行的操作，对与之同名的全局变量不起作用。

例 45.1 全局变量和局部变量语法练习

输出： 3 7143252 0

注意

因为变量 b 是随机值，所以执行结果不唯一。

程序代码

```
#include <iostream>
using namespace std;
int a=8,b=5,c;
int main()
{
    int a=3,b;
    cout<<a<<" "<<b<<" "<<c<<endl;
    return 0;
}
```

在函数外部定义三个全局变量 a，b，c，并初始化 a 为 8，b 为 5，c 没有初始化，被系统自动初始化为 0

在函数 main() 中定义局部变量 a，b，与全局变量同名

观察三个变量的输出结果：全局变量 a 与局部变量 a 同名，所以输出局部变量的初始值为 3；局部变量 b 没有初始化，所以输出了一个随机值（7143252）；c 是全局变量，所以输出初始值为 0

例 45.2 判断是否为素数

题目描述　素数是指除了 1 和本身之外没有其他约数的数，如 7 和 11 都是素数，而 6 不是素数，因为 6 除了约数 1 和 6 之外还有约数 2 和 3。从键盘读入一个正整数 n，判断 n 是否为素数，如果是素数则输出 yes，否则输出这个数的大于 1 的最小的约数。

输入： 输入一个正整数 n（$1<n<1\ 000\ 000$）。

输出： 如果从输入文件读入的数是素数则输出 yes，否则输出这个数的大于 1 的最小的约数。

样例输入： 39

样例输出： 3

程序代码

```
#include <iostream>
#include <cmath>
using namespace std;
int a;                          定义一个全局变量 a，用
int prime(int n)                于保存最小因子
{
    int i,k=sqrt(n);
    if(n<2) return 0;
    for(i=2;i<=k;i++)
    {
        if(n%i==0)
        {
            a=i;                保存最小因子
            return 0;
        }
    }
    return 1;
}
int main()
{
    int n;
    cin>>n;
    if(prime(n))  cout<<"yes";
    else cout<<a;
    return 0;
}
```

Tips

（1）当多个函数都要使用同一数据时，必须将变量定义为全局变量。

（2）由于局部变量是临时分配内存的，而数组必须申请连续的内存空间，所以定义数组时尽量定义为全局数组，尤其数组较大时更要注意。

作业 86　计算校门外的树

题目描述　某校大门外长度为 l 的马路上有一排树，每两棵相邻的树之间的间隔都是 1 米。把马路看成一个数轴，马路的一端在数轴 0 的位置，另一端在 l 的位置；数轴上的每个整数点，即点 0，1，2，…，l，都种有一棵树。

由于马路上有一些区域要用来建地铁。这些区域用它们在数轴上的起始点和终止点表示。已知任一区域的起始点和终止点的坐标都是整数，区域之间可能有重合的部分。现在要把这些区域中的树（包括区域端点处的两棵树）移走。计算将这些树都移走后，马路上还有多少棵树。

输入: 第一行输入两个整数 $l(1 \leqslant l \leqslant 10\,000)$ 和 $m(1 \leqslant m \leqslant 100)$，$l$ 表示马路的长度，m 表示区域的数目，中间用空格隔开。接下来输入 m 行，每行两个不同的整数，中间用空格隔开，表示一个区域的起始点和终止点的坐标。

输出: 输入一个整数，表示马路上剩余的树的棵数。

样例输入:

```
500 3
150 300
100 200
470 471
```

样例输出: 298

参考代码

```
#include<iostream>
#include <cstdio>
using namespace std;
int a[10005];                    // 定义一个全局数组 a
int main()
{
    int l,m,s,t,i,j,sum=0;
    scanf("%d %d",&l,&m);
    for(i=1;i<=m;i++)
    {
        scanf("%d %d",&s,&t);
        for(j=s;j<=t;j++)
        {
            a[j]=1;              // 种树的点的标志为 1
        }
    }
    for(i=0;i<=l;i++)
    {
        if(a[i]==0)
        {
            sum++;               // 统计剩下的树的棵数，即标注为 0 的点的个数
        }
    }
    printf("%d",sum);
    return 0;
}
```

第四十六课
递归

学习内容

- ✧ 递归的定义
- ✧ 递归的边界

语　法

1. 递归（recursion）的定义

函数调用自身称为“递归”调用，这样的函数称为“递归函数”，格式如下。

```
void fun(int n)
{
    ...
    return n+fun(n-1); // 在函数 fun 中又调用 fun
}
```

从前有座山，山上有座庙，庙里有个老和尚在讲故事，他说：从前有座山，山上有座庙，庙里有个老和尚在讲故事，他说：从前有座山，山上有座庙，庙里有个老和尚在讲故事，他说：……这就是一个典型的递归案例。

2. 递归的边界

在程序中使用递归，必须要有一个结束的条件，称为“边界”，未满足边界条件时程序递归前进，满足边界条件时程序结束。

3. 递归的使用情况

递归是一种常用的算法，其特点是将大的问题简化为小问题，代码比较简洁，一些不易实现的方法可以用递归方便实现。使用递归必须满足以下条件：

（1）大的问题可以转换为小规模的问题，而且实现方法相同。

（2）有一个明确的结束条件（边界），否则递归将无止境地执行下去，边界通常是一个简单意境。

例 46.1 用递归法计算 1+2+3+…+*n* 的值

题目描述 用递归的方法计算 1+2+3+…+*n* 的值。

输入： 输入一个整数 *n*。

输出： 输出 1+2+3+…+*n* 的值。

样例输入： 5

样例输出： 15

程序代码

```
#include <iostream>
using namespace std;
int fun(int n)
{
    if(n==1) return 1;
    return n+fun(n-1);
}
int main()
{
    int a;
    cin>>a;
    cout<<fun(a);
    return 0;
}
```

定义函数功能：返回 1+2+…+n 的值

当 n=1 时，fun(n) 的值就是 1，无须通过 fun(n-1) 来获取，这就是边界

递归，n 项之和可以是前面的 n-1 项之和加上第 n 项的值。用函数 fun(n) 的返回值表示 n 项之和，那么前 n-1 项之和就是 fun(n-1)，第 n 项的值是 n，则可以得到递归公式：fun(n)= n +fun(n-1)

Tips

（1）递归公式：$\text{fun}(n)=\begin{cases}1 & (n=1)\\ \text{fun}(n-1)+n & (n>1)\end{cases}$

（2）例 46.1 中定义的函数 fun() 就是一个递归函数，其功能是返回 1+2+⋯+n 的值，通常递归函数首先判断边界条件，当不是边界时，进行下一层的递归。以 n=5 为例，模拟递归过程的示意图如图 6-1 所示。

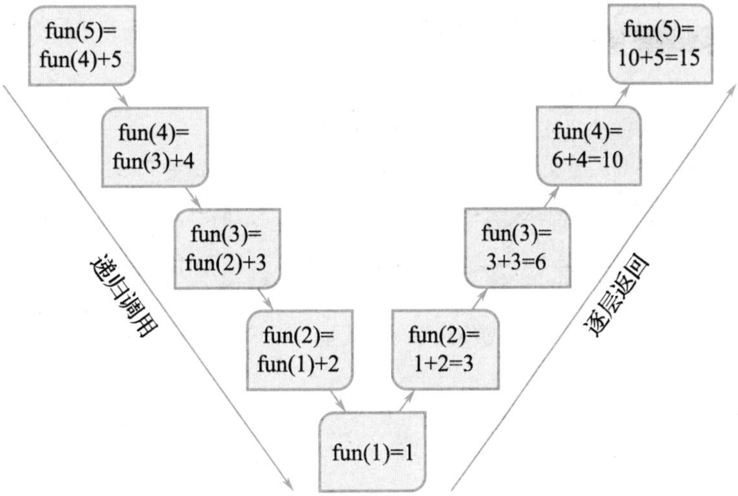

图 6-1　模拟递归过程的示意图

例 46.2　输出斐波那契数列的第 n 项

题目描述　用递归函数输出斐波那契数列的第 n 项。

输入：输入一个正整数 n，表示第 n 项。

输出：输出斐波那契数列的第 n 项。

样例输入： 10　　**样例输出：** 55

程序代码

```
#include <iostream>
using namespace std;
int f(int n)
{
    if(n==1) return 1;
    else if(n==2) return 1;
    else return f(n-1)+f(n-2);
}
int main()
{
    int n;
    cin>>n;
    cout<<f(n);
    return 0;
}
```

返回第 n 项的值

斐波那契数列前两项的值都是 1，所以不用推导，是边界

从第三项开始，每项都是前两项之和，用函数 f(n) 的返回值表示第 n 项，则可得到递归公式：f(n)=f(n-1)+f(n-2)

Tips

（1）递归是通过把大问题分解为相同方法的小规模问题反复执行实现的。循环和递归有相通性，可以使用循环解决的问题通常也可以用递归来实现。递归的代码相对简洁，但循环的速度更快。

（2）递归函数中要有边界条件，控制递归的结束。

作业 87 输出倒序数

题目描述 从键盘读入一个非负整数 n，倒序输出这个数。例如，输入 123，输出 321。

输入：输入一个非负整数，个位不能为零。

输出：输出倒序的数。

样例输入：123

样例输出：321

参考代码

```
#include <iostream>
using namespace std;
void rev(int n)                       将n倒序输出
{
    cout<<n%10;                       输出个位上的数
    if(n>=10) rev(n/10);              将个位前面的数继续倒序
}
int main()
{
    int n;
    cin>>n;
    rev(n);
    return 0;
}
```

作业 88 计算阿克曼函数

题目描述　在阿克曼（Ackmann）函数 akm(m, n) 中，m，$n(m \leqslant 3, n \leqslant 10)$ 是非负整数，其函数值定义如下。

$$\mathrm{akm}(m, n)=\begin{cases} n+1 & (m=0) \\ \mathrm{akm}(m-1, 1) & (m>0, n=0) \\ \mathrm{akm}(m-1, \mathrm{akm}(m, n-1)) & (m, n>0) \end{cases}$$

输入： 输入 *m* 和 *n*。

输出： 输出函数值。

样例输入： 2 3

样例输出： 9

参考代码

```
#include <iostream>
using namespace std;
int ack(int m,int n)
{    if(m==0)
     {
        return n+1;
     }
     else
     {
        if(n==0)
        {
              return ack(m-1,1);
        }
        else
        {
              return ack(m-1,ack(m,n-1));
        }
     }
}
int main()
{
     int m,n;
     cin>>m>>n;
     cout<<ack(m,n);
     return 0;
}
```

第四十七课 函数的应用

学习内容

- ✧ 使用函数使程序结构清晰、简洁
- ✧ 递归函数的应用实例

语　法

在前面的课程中我们学习了自定义函数的语法，在程序中利用函数可以使结构清晰、简洁，且易于维护。

另外，对于能够用循环解决的问题尽量使用循环。递归则是一种逆向处理，在这一阶段，可以学习用递归的思路来改造循环，增加对递归的理解和运用。

本课介绍一些函数使用的实例。

例 47.1 实现哥德巴赫猜想

题目描述　数学家哥德巴赫提示了一个猜想：任意一个大于或等于 4 的偶数都可以拆分为两个素数之和，请编程实现这一猜想。

输入： 输入一个整数 $n(4 \leqslant n \leqslant 200)$。

输出： 输出将 n 拆分为两个素数之和的所有方案。

样例输入： 12

样例输出：

```
4=2+2
6=3+3
8=3+5
10=3+7
10=5+5
12=5+7
```

程序代码

```
#include <iostream>
#include <cmath>
#include <cstdio>
using namespace std;
int is_prime(int n)
{
    int i;
    if(n<2) return 0;
    for(i=2;i<=sqrt(n);i++)
    {
       if(n%i==0) return 0;
    }
    return 1;
}

int main()
{
    int n,i,j;
    scanf("%d",&n);
    for(i=4;i<=n;i+=2)
    {
       for(j=2;j<=i/2;j++)
       {
            if(is_prime(j)==1 && is_prime(i-j)==1)
            {
                 printf("%d=%d+%d\n",i,j,i-j);
```

自定义函数，判断 n 是否为素数

返回 1 为素数

在外层循环用 i 枚举所有不大于 n 且大于 4 的偶数

在内层循环用 j 枚举较小的那个数，只用枚举到 i/2，因为把 i 拆分成两个数，一个是 j，另一个就是 i-j

在内层循环中，判断 j 和 i-j 是否同为素数

输出满足条件的表达式

```
            }

        }
    }
    return 0;
}
```

例 47.2 逆序输出字符串

题目描述　从键盘读入一个以“!”为结尾的字符串,用递归实现逆序输出。逆归的思路:发现边界的字符为“!”时结束递归，如果不是则继续递归下一个字符。

- **输入:**输入一个以“!”为结尾的字符串。
- **输出:**逆序输出字符串。
- **样例输入:**abc!
- **样例输出:**cba

程序代码

```
#include <iostream>
using namespace std;
string s;
void rev(int x)
{
    if(s[x]!='!') rev(x+1);
    else return;
    cout<<s[x];
}
int main()
```

定义递归函数 rev(x)，参数 x 为字符串的下标

判断 s[x] 是否为字符 '!',如果不是,继续递归下一个字符 rev(x+1)

如果 s[x] 是字符 '!'，结束递归

先递归后输出，实现逆序输出

```
{
    getline(cin,s);
    rev(0);                    // 从下标 0 开始递归
    return 0;
}
```

作业 89 判断是否为丑数

题目描述 素因子都在集合 {2，3，5，7} 的数称为丑数（ugly number），从键盘读入 n 个整数，判断每个数是否为丑数，如果是丑数则输出 yes，否则输出 no。

输入： 输入有两行：第一行输入整数 n（$n \leqslant 20$）；第二行输入 n 个整数，数值在 $1 \sim 10^9$ 之间，中间用空格隔开。

输出： 输出有 n 行：每行输出 yes 或 no，逐个表示第二行输入的整数是否为丑数。（假定 1 也是丑数）

样例输入：

```
5
1 8 11 20 121
```

样例输出：

```
yes
yes
no
yes
no
```

参考代码

```
#include <iostream>
using namespace std;
bool ugly(int n)               // 判断 n 是否为丑数，true 即为丑数
{
```

```
    while(n%2==0) n/=2;        // 如果有因子 2，则除以 2 后继续循环判断
    while(n%3==0) n/=3;
    while(n%5==0) n/=5;
    while(n%7==0) n/=7;
    return n==1;               // 最后如果 n=1，则表示没有除 2，3，5，7 之外的因子
}
int main()
{
    int n,a;
    cin>>n;
    while(n--)                 // 循环 n 次
    {
        cin>>a;
        if(ugly(a)) cout<<"yes"<<endl;   // 读入一个整数输出一次结果
        else cout<<"no"<<endl;
    }
    return 0;
}
```

作业 90　解决装信封问题

题目描述　某人写了 n 封信，用去 n 个信封，结果所有的信都装错了信封。求所有的信都装错信封共有几种不同情况。可用错位排列的递推公式解决问题。

基本形式：$d(1)=0; d(2)=1$。

递归形式：$d(n)=(n-1)\times(d(n-1)+d(n-2))$。

输入： 输入一个正整数 n（$n<13$）。

输出： 输出所有的信都装错信封共有几种不同情况。

样例输入： 4

样例输出： 9

参考代码

```
#include <iostream>
using namespace std;
int d(int n)
{
    if(n==1) return 0;
    else if(n==2) return 1;
    else return (n-1)*(d(n-1)+d(n-2));
}
int main()
{
    int n;
    cin>>n;
    cout<<d(n);
    return 0;
}
```

第七章　结构体和位运算

数组是一组具有相同类型的数据的集合。但在实际的编程过程中，可能还需要把一组类型不同的数据放到一起，例如，定义一个学生的学号、姓名、性别、成绩等数据，学号为整数，姓名为字符串，性别为关键字，成绩为小数，因为数据类型不同，显然不能用一个数组来存放。

在C语言中，可以使用结构体（Structure）来存放一组不同类型的数据。结构体是一种集合，它里面包含了多个变量或数组，它们的类型可以相同，也可以不同，每个这样的变量或数组都称为结构体的成员（Member）。

程序中的所有数在计算机内存中都是以二进制的形式储存的。位运算就是直接对整数在内存中的二进制位进行操作。例如，and 运算本来是一个逻辑运算符，但整数与整数之间也可以进行 and 运算。举个例子，6 的二进制是 110，11 的二进制是 1011，那么 6 & 11 的结果就是 2，它是二进制对应位进行逻辑运算的结果。

第四十八课 结构体

学习内容

- ✧ 结构体的声明
- ✧ 结构体变量的初始化
- ✧ 结构体成员的引用

语　法

设计程序时，首先要选择数据存储的方式，例如，储存变量或数组，可以用基本的数据类型 int，char，double 等定义。

假设，定义一个学生的学号、姓名、性别、成绩等数据，可以用数据类型 int，string，char，double 储存变量，虽然这些变量彼此是独立的并无关联，但这些数据是一个整体，就像一个学生的资料单，都在同一个表格内，假如对成绩进行排名，其他的资料会跟随成绩移动。

C++ 可以组合基本的数据类型，自由声明一种新的数据类型即可，称为“结构体”（Structure）。

1. 结构体的声明

结构体声明的格式如下：

```
struct 结构体名 {          // struct 是关键字，用于声明结构体
    成员列表 ;
};
```

例如，将一个学生的学号、姓名、性别、成绩整合在一起，形成一个结构体，示例代码如下。

```
struct stu{              // stu 是结构体类型名称，其命名规则与标识符一致
    int num;             // 定义变量 num 存放学号
    string name;         // 定义变量 name 存放姓名
```

```
    char sex;             // 定义变量 sex 存放性别
    double score;         // 定义变量 score 存放成绩
};                        // 用分号结尾
```

完成声明后，stu 就成为一个新的数据类型，可以用 stu 定义变量，示例代码如下。

```
stu a, b[100];            // 定义一个结构体变量 a 和一个结构体数组 b
```

也可以在声明结构体的同时定义结构体变量，示例代码如下。

```
struct stu{
    int num;
    string name;
    char sex;
    double score;
}a, b[100];
```

注意

初始化时，成员的类型、顺序必须与声明结构体时的顺序一致。

2. 结构体变量的初始化

在定义结构体变量的同时进行初始化，示例代码如下。

```
stu a={12,"LiHong",'F',99};    // 初始化结构体变量 a
```

3. 结构体成员的引用

结构体成员的引用格式如下：

结构体变量名 . 结构体成员名　　// “.”为成员选择符

例如，定义变量 a，其成员分别为 a.num，a.name，a.sex，a.score，这些成员就可以作为普通变量处理，示例代码如下。

```
a.num=10;
a.name="Steven";
s=a.score;
```

```
cin>>a.name;
cout<<a.score;
```

例 48.1 结构体语法练习

题目描述 用结构体实现，输入学生的学号、姓名、性别、成绩，并输出。

输入：依次输入学生的学号、姓名、性别、成绩，中间用空格隔开。

输出：依次输出学生的学号、姓名、性别、成绩（保留一位小数），中间用空格隔开。

样例输入：10 Steven M 99

样例输出：10 Steven M 99.0

注意

性别用一个大写字符“F”或“M”表示（F 表示女；M 表示男）。

程序代码

```
#include <iostream>
#include <string>
#include <iomanip>
using namespace std;
struct stu{
    int num;
    string name;
    char sex;
    double score;
};
stu a;
```

声明一个结构体类型 stu，包含 num，name，sex，score 四个成员

使用 stu 类型，定义一个结构体变量 a

```
int main()
{
    cin>>a.num>>a.name>>a.sex>>a.score;
    cout<<a.num<<" "<<a.name<<" "<<a.sex<<" ";
    cout<<fixed<<setprecision(1)<<a.score;
    return 0;
}
```

使用 cin 依次读入四个成员的数据，注意每个数据的类型，顺序要一致

使用 cout 依次输出前三个成员的数据

输出成绩，结果保留一位小数

例 48.2 输出分数最高的学生

题目描述 从键盘读入学生的人数，再读入每个学生的分数和姓名，输出分数最高的学生的姓名。

输入：第一行输入一个正整数 n（$n \leqslant 100$），表示学生人数。接着输入 n 行，每行输入一个学生的分数和姓名，中间用空格隔开。分数是 0 ～ 100 之间的整数；姓名是一个长度不超过 20 的连续字符串，中间没有空格。（假设最高分只有一个）

输出：输出分数最高的学生的姓名。

样例输入：

```
5
88 lisa
99 michael
97 steven
95 Bob
79 abby
```

样例输出：

```
michael
```

程序代码

```
#include <iostream>
#include <cstdio>
using namespace std;
struct stu
{
    int score;
    char name[20];
};
stu a[105];
int main()
{
    int n,mymax=0,id;
    cin>>n;
    for(int i=0;i<n;i++)
    {
      cin>>a[i].score>>a[i].name;
      if(a[i].score>mymax)
      {
            mymax=a[i].score;
            id=i;
      }
    }
    cout<<a[id].name<<endl;
    return 0;
}
```

声明一个结构体类型 stu，包含 score 和 name 两个成员

使用 stu 类型，定义一个结构体数组 a

定义变量 mymax 存放最高分数，变量 id 存放分数最高的学生的序号

依次读入分数和姓名并放入结构体数组

输出分数最高的学生的姓名

Tips

（1）注意区分结构体类型名称和结构体变量名。

（2）结构体数据在输入/输出时，必须对结构体内基本类型成员进行单独操作，而不能操作整个结构，例如，“`cout<<a;`”是错的，应使用“`cout<<a[id].name<<endl;`”。

作业 91 输出学生的等级

题目描述 从键盘读入 n 个学生的学号、成绩并计算平均成绩。根据每个学生的成绩与平均成绩的差，判断学生的等级。成绩高于平均成绩 10 分及以上者为 A 等；成绩低于平均成绩 10 分及以下者为 C 等；其余为 B 等。

输入： 第一行输入 n（$n \leqslant 100$），表示学生的人数。接下来输入 n 行，每行依次输入学号和成绩（成绩 $\leqslant 100$），中间用空格隔开。

输出： 输出有 n 行，每行依次输出学号、成绩、等级，中间用空格隔开。

样例输入：

```
5
1 34
2 56
3 45
4 67
5 99
```

样例输出：

```
1 34 C
2 56 B
3 45 C
4 67 B
5 99 A
```

参考代码

```
#include <iostream>
#include <cstdio>
using namespace std;
struct stu{
    int num,score;
};
stu a[110];
int main()
{
    int n,i,sum=0;
    double aver;
    cin>>n;
    for(i=1;i<=n;i++)
    {
       cin>>a[i].num>>a[i].score;
       sum+=a[i].score;
    }
    aver=(double)sum/n;
    for(i=1;i<=n;i++)
    {
       if(a[i].score>aver+10)
       printf("%d %d A\n",a[i].num,a[i].score);
       else if(a[i].score<aver-10)
       printf("%d %d C\n",a[i].num,a[i].score);
       else printf("%d %d B\n",a[i].num,a[i].score);
    }
    return 0;
}
```

作业 92 判断两个人能否共舞

题目描述 新生舞会开始了。n 名新生每人有三个属性：姓名、学号、性别。其中，姓名为大小写字母组成的字符串，总长度不超过 20；学号为数字构成的字符串，总长度不超过 10；性别为一个大写字符“F”或“M”。每名新生的姓名或学号是唯一的。设定两名新生为一对，给出 m 对新生的信息（姓名或学号），判断他们能否共舞，共舞的要求是两人的性别不同。

输入： 第一行输入一个整数 n（$2 \leqslant n \leqslant 1000$），表示学生人数。接下来输入 n 行，每行依次输入一名新生的姓名、学号、性别，中间用空格隔开。之后的一行输入一个整数 m($1 \leqslant m \leqslant 1000$)，表示 m 对新生。接着输入 m 行，每行输入两个信息（姓名或学号），保证两个信息不属于同一人，中间用空格隔开。

输出： 如果两人可以共舞输出“yes”，否则输出“no”。

样例输入：

```
4
John 10 M
Jack 11 M
Kate 20 F
Jim 21 M
3
John 11
20 Jack
Jim Jack
```

样例输出：

```
no
yes
no
```

注意

当输入“John 11”后，单击回车键，程序会立刻判断出这两人能否共舞，再单击回车键，输入“20 Jack”即可。

参考代码

```
#include <iostream>
using namespace std;
struct stu{
    string name;
    string num;
    char sex;
};
stu a[1005];
int n,m;
char check(string s)
{
    int i;
    for(i=1;i<=n;i++)
    {
       if(s[0]>='0' && s[0]<='9')
       {
            if(s==a[i].num) return a[i].sex;
       }
       else
       {
            if(s==a[i].name) return a[i].sex;
       }
    }
}
int main()
{
```

查找与参数 s 匹配的性别并返回

判断 s 是否为数字

```
    int i;
    cin>>n;
    for(i=1;i<=n;i++)
    {
       cin>>a[i].name>>a[i].num>>a[i].sex;
    }
    cin>>m;
    for(i=1;i<=m;i++)
    {
       string s1,s2;
       cin>>s1>>s2;
       if(check(s1)!=check(s2))
             cout<<"yes"<<endl;
       else
             cout<<"no"<<endl;
    }
    return 0;
}
```

第四十九课 位运算

学习内容

- ✧ 位运算符：&，|，^，~，<<，>>
- ✧ 复合赋值运算符：&=，|=，^=，<<=，>>=

语 法

现代计算机采用的是二进制，任何数据都是以二进制的形式存放的。C++ 允许对二进制的位进行直接运算，即位运算。位运算是计算机最底层的运算，运算速度极快。

位运算的对象只允许是整型或字符型变量，例如，int , long long，char。

位运算符有六个，如表 7-1 所示。其中，~(按位取反)是单目运算符，其他都是双目运算符。

表 7-1 位运算符

运算符	名称	优先级
~	按位取反	最高
<<	左移	次高
>>	右移	
&	按位与	中
^	按位异或	低
|	按位或	最低

1. &（按位与）

功能：对参加运算的两个二进制数按位进行逻辑与运算。

规则：0&0=0，0&1=0，1&0=0，1&1=1。可记为：真真为真，一假则假。

示例：a=52，b=5，则 a&b=4，如表 7-2 所示。

表 7-2　& 运算

变量	十进制	二进制
a	52	00110100
b	5	00000101
a&b	4	00000100

注意

a&b 不会改变 a 的值，正如 a+b 不会改变 a 的值，如果将运算结果存放到 a 中，要进行赋值，可以用 a=a&b，也可以用复合赋值运算符“&=”，写成 a&=b。

按位与的妙用：奇偶判断，示例代码如下。

```
if(a&1) cout<<"a 是奇数 ";
else cout<<"a 是偶数 ";
```

2. |（按位或）

功能：对参加运算的两个二进制数按位进行逻辑或运算。

规则：0|0=0，0|1=1，1|0=1，1|1=1。可记为：假假为假，一真则真。

示例：a=52，b=5，则 a|b=53，如表 7-3 所示。

或运算的复合赋值运算符是“|=”，例如，a|=b，可以把 a|b 的结果赋值给 a，相当于 a=a|b。

3. ^（按位异或）

功能：对参加运算的两个二进制数按位进行逻辑异或运算。

规则：0^0=0，0^1=1，1^0=1，1^1=0。可记为：不同为真，相同为假。

示例：a=52，b=5，则 a^b=49，如表 7-4 所示。

表 7-3　| 运算

变量	十进制	二进制
a	52	00110100
b	5	00000101
a|b	53	00110101

表 7-4　^ 运算

变量	十进制	二进制
a	52	00110100
b	5	00000101
a^b	49	00110001

异或运算的复合赋值运算符是“^=”，例如，a^=b，可以把 a^b 的结果赋值给 a，相当于 a=a^b。

按位异或的妙用：交换两个整型变量 a 和 b，不用额外的空间，示例代码如下。

```
a^=b;b^=a;a^=b;
```

4. ~（按位取反）

功能：单目运算符，对参加运算的一个数按位取反。

规则：0 变为 1，1 变为 0。

示例：a=52，如表 7-5 所示。

表 7-5　~运算

变量	二进制
a	00110100
~a	11001011

注意

整型数的字节数会对取反的结果有影响，且符号位也会取反，所以带符号的整型数与无符号的整型数，其运算结果不同。

5. <<（左移）

功能：将左操作数向左移动右操作数指定的位数，右端空出的位置补 0，左端移出的位则丢掉。

示例：a=52，b=1，则 a<<b=104，如表 7-6 所示。

表 7-6　<<运算

a	00110100
a<<b	01100010

对一个无符号的整数，如果左端移出的位不是 1，左移一位相当于乘 2，左移两位相当于乘 4，其运算速度比乘法快。

左移也有复合赋值运算符“<<=”，例如，a<<=b，将 a 左移 b 位后的值赋值给 a，相当于 a=a<<b。

6. >>（右移）

功能：将左操作数向右移动右操作数指定的位数，左端空出的位置补 0，右端移出的位则丢掉。

示例：a=52，b=1，则 a>>b=26，如表 7-7 所示。

表 7-7　>> 运算

a	00110100
a>>b	00011010

对一个无符号的整数，右移一位相当于除以 2 并向下取整，其运算速度更是比除法快很多。

右移也有复合赋值运算符“>>=”，例如，a>>=b，会将 a 右移 b 位后的值赋值给 a，相当于 a=a>>b。

例 49.1　位运算语法练习

样例输入： 52 3

样例输出：

a&b=0
a|b=55
a^b=55
~a=-53
a<<b=416
a>>b=6

程序代码

```
#include <iostream>
#include <cstdio>
using namespace std;
int main()
{
    int a,b;
    cin>>a>>b;
    printf("a&b=%d\n",a&b);
    printf("a|b=%d\n",a|b);
    printf("a^b=%d\n",a^b);
    printf("~a=%d\n",~a);
    printf("a<<b=%d\n",a<<b);
    printf("a>>b=%d\n",a>>b);
    return 0;
}
```

例 49.2 交换高低位上的数

题目描述 从键盘读入一个小于 2^{32} 的非负整数，这个数可以用一个 32 位的二进制数表示（不足 32 位用 0 补足）。二进制数的前 16 位为“高位”，后 16 位为“低位”。将它的高低位交换，得到一个新数（用十进制表示）。

输入： 输入一个小于 2^{32} 的非负整数。

输出： 输出交换后的新数。

样例输入： 12345678

样例输出： 1632501948

程序代码

```
#include <iostream>
#include <cstdio>
using namespace std;
int main()
{
     unsigned int a;
     cin>>a;
     cout<<(a>>16)+(a<<16)<<endl;
     return 0;
}
```

输入数据是一个小于 2^{32} 的无符号整数，所以使用 unsigned int a 定义

将高 16 位右移 16 位，低 16 位左移 16 位，二者的值相加即为新数的值

Tips

（1）位运算只能对整型数据进行运算。

（2）a&b，a|b，a^b，a<<b，a>>b 不会改变 a 的值。

（3）注意运算符的优先级。

第八章　基础算法

算法竞赛的核心是算法，语法是用来实现算法的平台，一个算法可以用不同的编程语言实现，其算法思维是相同的。

衡量一个算法的好坏，标准如下。

➢ 正确性：这是最基本的要求。

➢ 稳定性：在各种情况下都能正确。很难相信一个遇到特殊数据后就崩溃的软件程序是好的，所以算法竞赛中都会多次测试，通过输入不同的数据检测算法的输出是否正确。

➢ 速度：要求算法能够在规定时间内完成运算，这也是算法学习最关键的地方。完成同样的功能，通过算法使其更快，当然比单纯提升硬件的处理速度更划算。

➢ 占用空间：要求在不超过规定的内存空间的条件下完成运算。内存不足就会卡机，占用内存更小的算法，当然比单纯增加内存更划算。

研究各种算法的目的就是使算法更准、更快、更省。

第五十课 时间和空间复杂度

学习内容

✧ 时间复杂度的概念和估算

✧ 空间复杂度的概念

算　法

一、时间复杂度

1. 时间复杂度的定义

解决一个问题，使用不同的算法，可能会有不同的速度。例如，高斯求和，即计算 $1+2+3+\cdots+n$ 的值，示例代码如下。

方法一：循环

```
int i,sum=0,n;
cin>>n;
    for(i=1;i<=n;i++)
    {
    sum+=i;   //执行n次
}
```

方法二：数学公式

```
int sum = 0, n;
cin>>n;
sum = (1+n)*n/2;   //执行一次
```

两种方法都正确实现了同样的功能：方法一进行了 n 次循环；方法二使用等差数列求和公式，只执行一条语句即可求出和。显然，方法二更快。

假设要求程序在 1s 之内完成解答。为了满足这个要求，把代码写完后再来测试程序是不合理的，应预先根据数据规模，估算代码执行的时间，如果无法在规定时间内解决问题，则要寻找更优算法。也就是说，题目描述中的“数据规模”决定了算法的选择。

衡量一个算法的速度，是用“时间复杂度”来衡量的。

2. 时间复杂度的表示方法

时间复杂度常用大写字母“O”表示，例如，$O(n)$, $O(n^2)$，括号内的表达式反映了程序的执行次数，也可以理解为执行时间，表达式不包括低阶项和最高阶项的首项系数，示例代码如下。

（1）

```
for(i=1;i<=n;i++)
    循环体；
```

执行次数是 n，其时间复杂度表示为 $O(n)$。

（2）

```
for(i=1;i<=n;i++)
    循环体 1;
for(i=1;i<=n;i++)
    循环体 2;
```

进行两次循环，执行次数是 $2n$，如果忽略系数，其时间复杂度还是 $O(n)$。

（3）

```
for(i=1;i<=n;i++)
    循环体；
for(i=1;i<=n;i++)
    for(j=1;j<=n;j++)
        循环体；
```

循环次数是 $n+n^2$，n^2 对执行时间的贡献更大，低阶项 n 可以忽略，所以其时间复杂度是 $O(n^2)$。

（4）

```
bool is_prime(int n)
{
    int i,k=sqrt(n);
    if(n<2) return false;
    for(i=2;i<=k;i++)
    {
        if(n%i==0) return false;
    }
    return true;
}
```

判断 n 是否为素数，循环次数最多是 k 次，$k=\sqrt{n}$，相当于循环了 $\sqrt{n}$ 次，所以其时间复杂度是 $O(\sqrt{n})$。

3. 对数和 logn

有一种常用的时间复杂度是 $O(\log n)$，其中，$\log n$ 是 n 的对数。例如，$n=a^x$，（其中，a 为底数；x 为乘方；n 为幂），则 $x=\log_a n$，x 为以 a 为底 n 的对数。

$1000=10^3$，以 10 为底 1000 的对数是 3，即为 $\log_{10}=3$。

$1024=2^{10}$，以 2 为底 1024 的对数是 10，则 $\log_2 1024=10$。

以 2 为底和以 10 为底的对数，只有一个系数（约 3.3）的差别，所以可以忽略系数，直接使用 $O(\log n)$ 作为时间复杂度，示例代码如下。

```
while(n)
   {
      sum+=n%10;
      n/=10;
   }
```

语句 n/=10 使得变量 n 以 1/10 的速度迅速减小，这个循环的次数就是变量 n 的十进制位数，所以是 $O(\log n)$ 的复杂度。算法中的二分法也是 $O(\log n)$ 的复杂度。假如在这个循环外部还有一层 n 次的循环，则时间复杂度为 $O(n\log n)$。

常用的时间复杂度执行时间从小到大的次序如下：

$$O(1) < O(\log n) < O(\sqrt{n}) < O(n) < O(n\log n) < O(n\sqrt{n}) < O(n^2) < O(n^3) < O(2^n) < O(n!)$$

其中，n 是数据规模，通常是要处理的数据的个数。

4. 如何根据数据规模分析算法是否超时

要求程序在 1s 之内完成解答，一般认为计算机的处理能力是每秒计算 10^8 次，意味着使用的算法的时间复杂度必须在 10^8 以内。

假设数据规模 $n<1000$，那么使用 $O(n^2)$ 复杂度的代码就不会超时；如果 $n<10^5$，则使用 $O(n^2)$ 复杂度的代码就会超时，要选择更快的算法，例如，$O(n\log n)$。

二、空间复杂度

算法竞赛除了限制时间，还会限制内存，题目会规定使用的内存空间上限，例如，128MB、256MB、512MB 等，超过规定内存则不得分。

最影响内存空间的是数组大小，所有数组大小之和不能超过限制，在开数组时最好留有余量，例如，上限是 256MB，一个 int 类型的一维数组，其元素个数约为 $512\times10^6/4=128\times10^6$。

一维 int 数组开 MB 级别一般来说是安全的。如果是二维 int 数组，则每一维的元素个数要控制在 5000 以内。数组必须设置为全局数组。

Tips

（1）时间复杂度一般只考虑最高阶项，忽略低阶项和常量系数。

（2）选择算法的时间复杂度控制在 10^8 以内。

（3）开数组时要根据数据规模定义并设置为全局数组。

第五十一课
进制转换

学习内容

- ✧ 二进制的计数原理
- ✧ 二进制正整数转换为十进制数
- ✧ 十进制正整数转换为二进制数

算 法

一、二进制的计数原理

生活中最常用的计数方式是十进制，除了十进制，也有别的进制，例如，1 分 =60 秒，1 年 =12 月，60 和 12 都是进制，而计算机使用二进制的计数方式。

十进制使用 0~9 十个符号，计数规则是“逢十进一”，基数为 10。

二进制使用 0 和 1 两个符号，计数规则是“逢二进一”，基数为 2。

从 0 开始用十进制表示连续的几个整数：0，1，2，3，4；用二进制表示这几个连续整数：0，1，10，11，100。在二进制中，不存在 0 和 1 以外的数字。

计算机中也常使用十六进制，计数规则是“逢十六进一”，使用 0，1，2，3，…，9，A，B，C，D，E，F 共 16 个符号，因为计数到 10 时不能进位，就用 A，B，C，E，E，F 表示十进制的 10，11，12，13，14，15。

十进制、二进制和十六进制的对应关系如表 8-1 所示。

表 8-1　十进制、二进制和十六进制的对应关系

十进制	二进制	十六进制
0	0	0
1	1	1
2	10	2
3	11	3
4	100	4

续表

十进制	二进制	十六进制
5	101	5
6	110	6
7	111	7
8	1000	8
9	1001	9
10	1010	A
11	1011	B
12	1100	C
13	1101	D
14	1110	E
15	1111	F
16	10000	10

二、二进制正整数转换为十进制数

十进制数可以表示为每个数位权值之和，例如，$123=1\times100+2\times10+3$，即$1\times10^2+2\times10^1+3\times10^0$。同样，二进制数也可以表示为每个位权值之和，例如，$101=1\times2^2+0\times2^1+1\times2^0$，

这个规则可以扩展到任意进制，N进制使用基数N。

二进制正整数转换为十进制的方法称为“位权法”，过程如下。

（1）以字符串形式读入二进制数。

（2）定义一个变量 ans（初始化为 0）作为最终转换的十进制数值；再定义一个变量 a 作为每一数位的位权并初始化为 1，即最后一位的位权值。

（3）从后向前枚举每个数位，如果该数位的位权值为 1，则将变量 a 的值累加到 ans，每次循环都将变量 a×2，直到字符串结束。

例 51.1 将二进制数转换为十进制数

题目描述 将一个 25 位以内的二进制正整数转换为十进制数。

输入： 输入一个 25 位以内的二进制正整数。

输出： 输出该数对应的十进制数。

样例输入： 1101

样例输出： 13

程序代码

```
#include <iostream>
#include <cstring>
using namespace std;
char c[30];
int main()
{
      int i,ans=0,a=1,len;
      cin>>c;
      len=strlen(c);
      for(i=len-1;i>=0;i--)
      {
         if(c[i]=='1') ans+=a;
         a*=2;
      }
      cout<<ans;
      return 0;
}
```

- char c[30];：定义字符数组 c 用于存放二进制数
- int i,ans=0,a=1,len;：定义整型变量 ans 存放十进制数，变量 a 存放每位的权值
- cin>>c;：读入字符串
- len=strlen(c);：求出字符串长度 len
- for(i=len-1;i>=0;i--)：使用 for 循环，逆序枚举每个字符
- if(c[i]=='1') ans+=a;：如果字符是“1”，则将权值累加到 ans。这条指令，也可以写成“ans+=(c[i]-'0')*a;”，这种写法适用于 N 进制数转十进制数
- a*=2;：将权值乘 2
- cout<<ans;：输出转换后的十进制数

N 进制数转换为十进制数，方法是类似的，将代码“a*=2”替换为“a*=N”即可。

三、十进制正整数转换为二进制数

十进制正整数转换为二进制数的方法，称为“短除法”，将十进制数反复除以 2 得到的余数，逆序排列得到二进制数，循环结束的条件是商为 0，如图 8-1 所示。

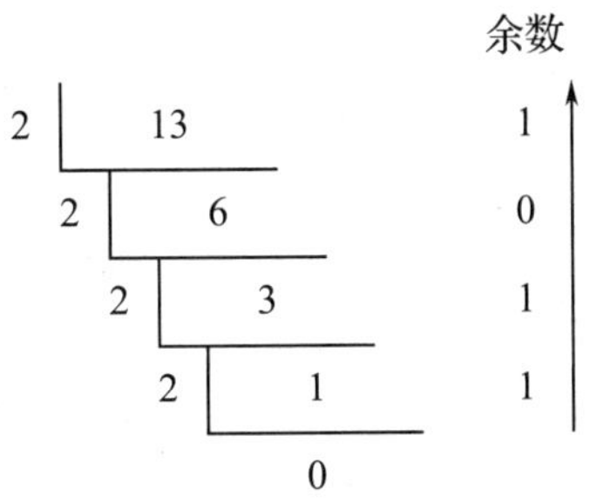

图 8-1　十进制正整数转换为二进制数的方法

例如，十进制数 13 转换成二进制数为 1101。同理，将十进制数转换为 *N* 进制，则是反复除以 *N* 取余数逆序排列得到的。

例 51.2　将非负整数转换为二进制数

题目描述　从键盘读入一个整数 n（$0 \leqslant n<2^{30}$），将它转换成一个二进制数。

输入：输入一个整数 n。

输出：输出该数对应的二进制数。

样例输入：100

样例输出：1100100

程序代码

```
#include <iostream>
#include <string>
using namespace std;
string s;              定义字符串 s 存放转换过程中的余数
```

```
int main()
{
    int n,i;
    cin>>n;
    if(n==0)
    {
       cout<<0;
       return 0;
    }
    while(n)
    {
       s+=(n%2+'0');
       n/=2;
    }
    for(i=s.size()-1;i>=0;i--)
    {
       cout<<s[i];
    }
    return 0;
}
```

- `int n,i;`：定义变量 n 存放读入的十进制数
- `if(n==0)`：如果 n 为 0 则直接输出 0
- `while(n)`：如果 n 不为 0 则进行循环
- `s+=(n%2+'0');`：将 n 除以 2 的余数转换为字符后，连接到 s 的末尾
- `n/=2;`：取得商继续进行循环
- `for(i=s.size()-1;i>=0;i--)`：逆序排列得到二进制数

注意

这个循环的时间复杂度是 $O(\log n)$。

Tips

（1）使用“位权法”将 N 进制数转换为十进制数，是一个将每一位的位权累加求和的过程。

（2）使用“短除法”将十进制数转换为 N 进制数。

作业 93　将十六进制正整数转换为十进制整数

题目描述　将一个不超过十位的十六进制正整数转换为十进制整数。

输入： 输入十位以内的十六进制正整数，如果该十六进制中有字母，则用大写英文字母表示。

输出： 输出该数对应的十进制整数。

样例输入： 2ECF

样例输出： 11983

参考代码

```
#include <iostream>
#include <string>
using namespace std;
int main()
{
    string s;
    long long ans=0,p=1;
    int i,a;
    cin>>s;
    for(i=s.size()-1;i>=0;i--)
    {
       switch(s[i])
       {
            case 'A':
                  a=10; break;
```

注释：

- string s;：定义一个字符串 s 存放读入的十六进制数
- long long ans=0,p=1;：定义变量 ans 存放转化的十进制数
- case 'A':：如果是字母，则要转换为整数

```
            case 'B':
                a=11; break;
            case 'C':
                a=12; break;
            case 'D':
                a=13; break;
            case 'E':
                a=14; break;
            case 'F':
                a=15; break;
            default:
                a=s[i]-'0';
        }
        ans+=a*p;
        p*=16;
    }
    cout<<ans;
    return 0;
}
```

如果是数字字符，则转换为整数

将“a* 位权”的值加入变量 ans，再赋给 ans

将“位权 *16”的值再赋值给位权

作业 94 将十进制数转换为十六进制数

题目描述 从键盘读入一个非负整数 *n*（*n* 是一个不超过 18 位的非负整数），将 *n* 转换为十六进制数。例如，十进制数 6060 转换成十六进制数为 3C3C。

输入： 输入一个不超过 18 位的非负整数 *n*。

输出： 输出 *n* 对应的十六进制数。

样例输入： 100000000000　　**样例输出：** 174876E800

参考代码

```
#include <iostream>
using namespace std;
char a[100];                          // 定义一个字符数组 a
int main()
{
     int i=0;
     long long n;
     cin>>n;
     if(n==0)
     {
        cout<<0;
        return 0;
     }
     while(n)
     {
        int b;
        char c;
        b=n%16;                       // 求出余数
        switch(b)
        {
              case 10:
                    c='A';
                    break;
```

```
            case 11:
                c='B';
                break;
            case 12:
                c='C';
                break;
            case 13:
                c='D';
                break;
            case 14:
                c='E';
                break;
            case 15:
                c='F';
                break;
            default:
                c=(char)(b+'0');
        }
        a[i]=c;
        n/=16;          // 求出商
        i++;            // 继续枚举下一位数
    }
    for(int j=i-1;j>=0;j--)
    {
        cout<<a[j];
    }
    return 0;
}
```

第五十二课 冒泡排序和选择排序

学习内容

✧ 冒泡排序

✧ 选择排序

算　法

一、冒泡排序（Bubble Sort）

1. 冒泡排序的操作步骤

（1）比较相邻的元素。

（2）如果相邻元素的顺序与要求不符，则交换其顺序。

（3）重复上面两个步骤，直到所有元素被处理，完成排序。

2. 示例

冒泡排序是一种基于比较的交换排序。假设有五个数，初始排列顺序是 4 8 2 1 6，用冒泡排序将这五个数从大到小重新排序。

第一轮：目标是将所有元素中的最小值排到最后面，操作步骤如表 8-2 所示。

表 8-2　冒泡排序的第一轮

4 8 2 1 6	4 与 8 比较，交换位置
8 4 2 1 6	4 与 2 比较，不交换
8 4 2 1 6	2 与 1 比较，不交换
8 4 2 1 6	1 与 6 比较，交换位置
8 4 2 6 1	四次比较后的结果，最小值 1 排到了末尾

注意

用下画线连接的两个数是每轮要比较的数，加粗数表示这一轮排序后的结果，橙色数指排好的数，也就是冒出的“泡泡”。

第二轮：目标是找到剩余四个数中的最小值，排到这四个数的最后面，操作步骤如表 8-3 所示。

表 8-3　冒泡排序的第二轮

8　4　2　6　1	8 与 4 比较，不交换
8　4　2　6　1	4 与 2 比较，不交换
8　4　2　6　1	2 与 6 比较，交换位置
8　4　6　2　1	三次比较后的结果，最小的两个数 2 和 1 排到了末尾

第三轮：目标是找到剩余三个数中的最小值，排到这三个数的最后面，操作步骤如表 8-4 所示。

表 8-4　冒泡排序的第三轮

8　4　6　2　1	8 和 4 比较，不交换
8　4　6　2　1	4 和 6 比较，交换位置
8　6　4　2　1	两次比较后的结果

第四轮：目标是找到剩余两个数中的最小值，排到这两个数的最后面，操作步骤如表 8-5 所示。

表 8-5　冒泡排序的第四轮

8　6　4　2　1	8 和 6 比较，不交换
8　6　4　2　1	排序结束，得到最终结果

通过上面的四轮排序可以发现，每轮结束，都会有一个相对最小的元素排到了右边，就像是一个个泡泡冒出来。对于五个元素的排序，共进行了（5-1）轮比较，每一轮的比较次数是（5- 轮次）次。对于 *n* 个元素，要进行（*n*-1）轮比较，每轮比较（*n*- 轮次）次。所以，可以新建两个循环变量，变量 i 表示轮次，变量 j 表示序号，通过一个双重的嵌套循环来完成冒泡排序。

例 52.1 冒泡排序

题目描述 将 n 个整数从大到小进行冒泡排序。

输入： 输入有两行：第一行输入一个整数 n（$1 \leqslant n \leqslant 100$）；第二行输入 n 个整数，整数在 0 ～ 1000 范围内。

输出： 输出从大到小排序后的结果，中间用空格隔开。

样例输入： 10
8 9 1 3 22 15 66 77 5 7

样例输出： 77 66 22 15 9 8 7 5 3 1

程序代码

```
#include <iostream>
using namespace std;
int a[105];
int main()
{
    int n,i,j,t;
    cin>>n;
    for(i=1;i<=n;i++) cin>>a[i];
    for(i=1;i<=n-1;i++)
    {
      for(j=1;j<=n-i;j++)
      {
            if(a[j+1]>a[j])
            {
                  t=a[j];a[j]=a[j+1];a[j+1]=t;
```

定义变量 i 为轮次，变量 j 为每一轮的循环变量

外层表示轮次，循环 n-1 轮

内层表示每轮的循环次数，循环 n-i 次

如果后面的数大于前面的数，则交换二者的位置

```
            }
        }
    }
    for(i=1;i<=n;i++) cout<<a[i]<<" ";
    return 0;
}
```

注意

冒泡排序中的双重循环的总次数是 $(n-1)\times(n-i)$，忽略低阶项，冒泡排序的时间复杂度是 $O(n^2)$。

二、选择排序（Selection Sort）

1. 选择排序的操作步骤

（1）在未排序的序列中找到最大（小）元素，放置在起始位置。

（2）在剩余未排序序列中找到最大（小）的元素，放置在已排序序列的末尾。

（3）重复步骤（2），直到所有元素排序完毕。

未排序序列的起始元素会依次与后面的所有元素进行比较，如果大小不符合要求则交换二者，如果序列较长，会增加交换的次数。如果优化一下程序，保证每一轮的比较只交换一次元素位置，则可以提高效率，这个方法就是每轮比较都记录下最值的位置，只交换起始元素和最值元素即可。

2. 示例

假设有五个数，初始排列顺序是 4 8 2 1 6，用选择排序对这五个数进行从大到小排序。用 k 来表示最大值所在的序号。

第一轮：目标是找到最大值的序号，并将最大值与最前面的值交换。先将 k 设为 1，即指定第一个数为临时的最大值，操作步骤如表 8-6 所示。

注意

橙色数表示已经排序的部分，下画线表示 k 的位置。

表 8-6 选择排序的第一轮

序号 1	序号 2	序号 3	序号 4	序号 5	步骤
4	8	2	1	6	初始状态，*k*=1
4	8	2	1	6	8 与 4 比较，8 更大，*k*=2
4	8	2	1	6	2 与 8 比较，8 更大，*k*=2
4	8	2	1	6	1 与 8 比较，8 更大，*k*=2
4	8	2	1	6	6 与 8 比较，8 更大，*k*=2
8	4	2	1	6	8 与 4 交换，第一轮结束，最大值 8 排到了最前面

第二轮：目标是在剩余四个数中找到最大值，并与这四个数最前面的值进行交换，操作步骤如表 8-7 所示。

表 8-7 选择排序的第二轮

序号 1	序号 2	序号 3	序号 4	序号 5	步骤
8	4	2	1	6	初始状态，*k*=2
8	4	2	1	6	2 与 4 比较，4 更大，*k*=2
8	4	2	1	6	1 与 4 比较，4 更大，*k*=2
8	4	2	1	6	6 与 4 比较，6 更大，*k*=5
8	6	2	1	4	6 与 4 交换，第二轮结束，次大值排到了第二个位置

第三轮：继续在剩余三个数中找到最大值，并与这三个数最前面的值交换，操作步骤如表 8-8 所示。

表 8-8 选择排序的第三轮

序号 1	序号 2	序号 3	序号 4	序号 5	步骤
8	6	2	1	4	初始状态，*k*=3
8	6	2	1	4	1 与 2 比较，2 更大，*k*=3
8	6	2	1	4	4 与 2 比较，4 更大，*k*=5
8	6	4	1	2	4 与 2 交换，第三轮结束

第四轮：在剩余两个数中找到最大值，放在两个数的前面，操作步骤如表 8-9 所示。

表 8-9　选择排序的第四轮

序号 1	2	3	4	5	
8	6	4	1	2	初始状态，k=4
8	6	4	1	2	2 与 1 比较，2 更大，k=5
8	6	4	2	1	2 与 1 交换，排序结束

通过上面的四轮排序可以发现，每一轮，都会选择一个最大值，放在未排序序列的前面。对于 n 个元素的选择排序，共进行（n-1）轮，每轮进行（n- 轮次）次比较。所以，可以新建两个循环变量，变量 i 表示轮次，变量 j 表示序号，通过一个双重的嵌套循环来完成选择排序，再用 k 存放每轮最大值所在的位置。

每一轮开始，先将 k 设置为 i，即这一轮最前面的位置，将 j 设为 i+1，即 i 后面的一个位置，在循环中比较 j 位置的值与 k 位置的值的大小，调整 k 的位置，并将 j 递增 1 进行下一次循环。每轮结束后，判断 k 与 i 是否相同，如果不同，则交换二者位置上的值，然后进行下一轮的循环。

例 52.2　选择排序

题目描述　用选择排序将 n 个整数从大到小排序。

输入： 输入有两行：第一行输入一个整数 n（$1 \leqslant n \leqslant 100$）；第二行输入 n 个整数，整数在 0 ～ 1000 范围内。

输出： 输出从大到小排序后的结果，中间用空格隔开。

样例输入： 8

3 5 6 8 1 4 2 9

样例输出： 9 8 6 5 4 3 2 1

程序代码

```
#include <iostream>
using namespace std;
int a[105];
int main()
{
    int n,i,j,k,t;
    cin>>n;
    for(i=1;i<=n;i++) cin>>a[i];
    for(i=1;i<=n-1;i++)
    {
        k=i;
        for(j=i+1;j<=n;j++)
        {
            if(a[j]>a[k]) k=j;
        }
        if(k!=i)
        {
            t=a[k];a[k]=a[i];a[i]=t;
        }
    }
    for(i=1;i<=n;i++) cout<<a[i]<<" ";
    return 0;
}
```

定义变量 i 表示轮次，变量 j 表示每轮循环的元素下标，变量 k 作为每轮比较中最大值所在的位置

外层循环 n-1 轮

暂定 k 最大

内层从 i+1 循环到 n，即 n-i 次。内层循环的初始状态 j=i+1，保证 j 总是位于 i 后面

比较 a[j] 和 a[k]，如果 a[j]>a[k]，则把 k 调整到 j

如果 k 不等于 i，则交换 a[k] 与 a[i] 的值，在这轮就把最大值放到了未排序序列的最前面

注意

选择排序算法总的循环次数是 $(n-1)(n-i)$，忽略次阶项，时间复杂度是 $O(n^2)$。

Tips

（1）冒泡排序的特征是“相邻”元素的比较，使用双层嵌套循环，时间复杂度为 $O(n^2)$。

（2）选择排序的特征是每一轮都选择最值到未排序序列的前面，使用双层嵌套循环，时间复杂度为 $O(n^2)$。

（3）冒泡排序和选择排序都是基于比较的排序算法，虽然简单直观，但速度都很慢，如果有百万级别以上的数，这两种排序方法执行的时间会非常长。

作业 95 计算平均分

题目描述 期中考试结束了，计算语文考试前五名学生的平均分。

输入： 输入有两行：第一行输入一个整数 n，表示本次考试的总人数（$5 \leqslant n \leqslant 100$）；第二行输入 n 个无序整数，表示 n 个人的语文成绩。

输出： 输出语文成绩前五名学生的平均分，结果保留一位小数。

样例输入： 10

98 98 100 96 99 90 91 87 80 100

样例输出： 99.0

参考代码

```
#include <iostream>
#include <cstdio>
using namespace std;
int a[105];
int main()
```

```
{
    int n,i,j,k,sum=0,t;
    cin>>n;
    for(i=1;i<=n;i++) cin>>a[i];
    for(i=1;i<=n-1;i++)
    {
        k=i;
        for(j=i+1;j<=n;j++)
        {
                if(a[j]>a[k]) k=j;
        }
        if(k!=i)
        {
                t=a[k];a[k]=a[i];a[i]=t;
        }
    }
    for(i=1;i<=5;i++) sum+=a[i];
    printf("%.1lf",sum/5.0);
    return 0;
}
```

作业 96 重组车厢

题目描述　在一个旧式的火车站旁边有一座桥，其桥面可以绕河中心的桥墩水平旋转。一个车站的职工发现桥的长度最多能容纳两节车厢，如果将桥旋转 180°，则可以交换相邻两节车厢的位置，用这种方法可以重新排列车厢的顺序。于是他就负责用这座桥将进站的车厢按车厢号从小到大排列。他退休后，火车站决定将这一工作自动化，输入初始的车厢顺序，计算最少用多少步能将车厢按车厢号从小到大排序。

输入：输入有两行：第一行输入车厢总数 n（n<10 000）；第二行输入 n 个不同的数表示初始的车厢顺序。

输出：输出最少的旋转次数。

样例输入：4

4 3 2 1

样例输出：6

参考代码

```
#include <iostream>
using namespace std;
int a[10010];
int main()
{
    int n,i,j,t,sum=0;
    cin>>n;
    for(i=1;i<=n;i++) cin>>a[i];
    for(i=1;i<=n-1;i++)
    {
      for(j=1;j<=n-i;j++)
      {
          if(a[j+1]<a[j])
          {
              t=a[j];
              a[j]=a[j+1];
              a[j+1]=t;
              sum++;
          }
      }
    }
    cout<<sum;
    return 0;
}
```

第五十三课 桶排序

学习内容

- ✧ 桶排序的原理
- ✧ 利用桶实现分类统计

算 法

桶排序（Bucket Sort）也称箱排序，是一种不基于比较的排序算法。冒泡和选择排序都是通过序列元素之间的比较来实现的；桶排序则是一种新的思想，不去比较元素的大小，而是基于映射进行排序。

1. 桶排序的操作步骤

（1）根据数值范围创建“桶”并清零。

（2）枚举所有元素，根据元素的值映射到对应的桶中。

（3）按顺序枚举所有的桶，输出有映射的桶的编号，完成排序。

2. 示例

某次考试成绩出来了，老师要按照从高到低的顺序来排序，本次考试是 5 分制，分数为 0 ～ 5 分，有 6 名学生成绩分别为 4 分，3 分，5 分，2 分，5 分，2 分，排序后的结果应该是 5 分，5 分，4 分，3 分，2 分，2 分。

将 6 名学生的成绩依次放在一个数组中。对于冒泡和选择排序来说，可以直接对这个数组进行排序和输出；桶排序则要新建另外一个数组，即所谓的“桶”。

准备 6 个桶，依次给它们编号为 0 ～ 5，表示分数为 0 ～ 5 分；每个桶里的值表示其编号所对应分数的个数，初始桶是空的，所以值都为 0，表示每个分数的人数为 0。准备 6 个桶进行编号并清零，如图 8-2 所示。

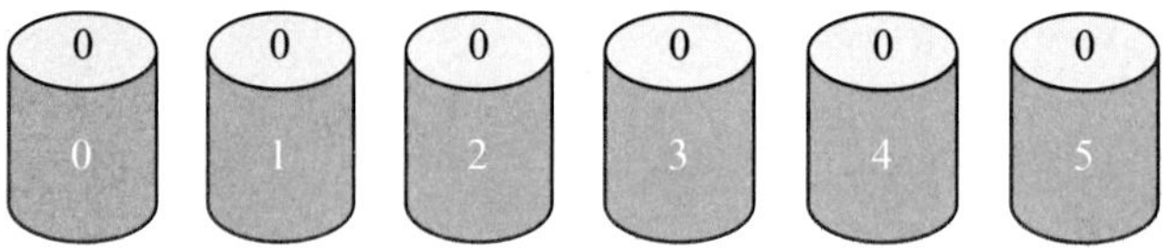

图 8-2　准备 6 个桶进行编号并清零

将分数根据分值放入相应编号的桶中，第一个学生是 4 分，则 4 号桶的值增加 1，表示 4 分的桶里已经有一个分数。继续放入其他分数，把所有分数放入桶中，如图 8-3 所示。

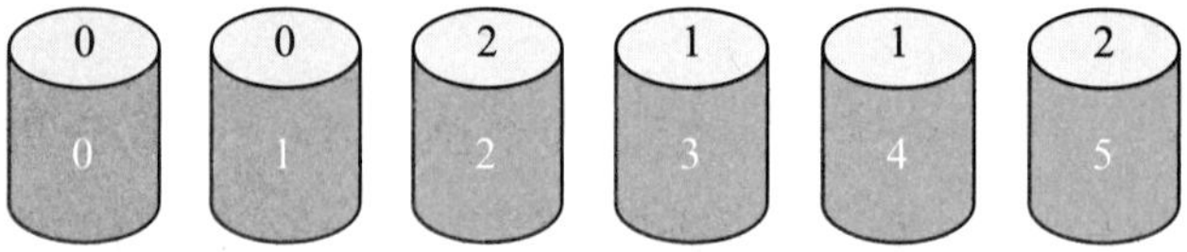

图 8-3　把所有分数放入桶中

在图 8-3 中，0 分的学生有 0 个；1 分的学生有 0 个；2 分的学生有 2 个；3 分和 4 分的学生各有 1 个；5 分的学生有 2 个。最后，按照桶的编号从大到小排序，判断如果桶中的值不为零，就把桶的编号输出，输出的次数等于桶的值，即编号所对应的分数的个数，输出如下。

5 号桶的值是 2，表示有 2 个 5 分，输出 5 和 5；

4 号桶的值是 1，表示有 1 个 4 分，输出 4；

3 号桶的值是 1，表示有 1 个 3 分，输出 3；

2 号桶的值是 2，表示有 2 个 2 分，输出 2 和 2；

1 号桶的值是 0，表示没有 1 分的成绩，不输出；

0 号桶的值是 0，表示没有 1 分的成绩，不输出。

输出结果：5，5，4，3，2，2，排序结束。

3. 桶排序的本质

桶排序的本质在于这些桶的编号已经有了大小顺序，我们要做的就是把分数对应桶的编号进行统计，最后的输出值是桶的编号，而桶中的值则表示这个编号应该输出的个数，顺序输出是从小到大排序，逆序输出则是从大到小排序。

例 53.1　将成绩排名

题目描述　用桶排序将 *n* 个学生的成绩从大到小排序，分数范围：0 ～ 5 分。

输入： 输入有两行：第一行输入 *n*，表示有 *n* 个学生（*n*<40）；第二行输入 *n* 个 0 ～ 5 的整数，表示每个学生的成绩，中间用空格隔开。

输出： 输出 *n* 个数从大到小排序的结果，中间用空格隔开。

样例输入： 10
3 1 4 5 2 3 1 4 5 1

样例输出： 5 5 4 4 3 3 2 1 1 1

程序代码

```
#include <iostream>
using namespace std;
int n,b[8];
int main()
{
    int x,i,j;
    cin>>n;
    for(i=1;i<=n;i++)
    {
        cin>>x;
        b[x]++;
    }
    for(i=5;i>=0;i--)
    {
```

定义数组 b 为桶，b 的大小要稍大于数值范围。因为是全局数组，所以定义时自动被清零了

读入整数到 x

实现放桶的操作，把 x 的值作为数组 b 的下标，如果 x 为 2，则表示得 2 分的学生数增加了 1

从大到小枚举桶号，表示从大到小输出分数

```
        for(j=1;j<=b[i];j++)        // 表示 i 的输出次数为 b[i] 次
        {
            cout<<i<<" ";           // 输出分数 i
        }
    }
    return 0;
}
```

例 53.2 将随机数去重并排序

题目描述 明明想在学校中找一些同学做问卷调查，为了保证实验的客观性，他先用计算机生成了 n（$n \leqslant 100$）个 1 ～ 1000 之间的随机整数，整数对应不同的学生的学号，如果有重复的数字，只保留一个。然后再把这些数从小到大排序，按照排好的顺序去找同学做调查。请帮明明完成“去重”与“排序”的工作。

输入： 输入有两行：第一行输入一个正整数 n，表示生成的随机数的个数；第二行输入 n 个正整数，中间用空格隔开。

输出： 输出有两行：第一行输出一个正整数，表示不相同的随机数的个数；第二行输出从大到小排序的结果，中间用空格隔开。

样例输入：
10
20 40 32 67 40 20 89 300 400 15

样例输出：
8
15 20 32 40 67 89 300 400

程序代码

```
#include <iostream>
#include <cstdio>
using namespace std;
int a[1005];
int main()
{
     int n,i,x,sum=0;
     scanf("%d",&n);
     for(i=1;i<=n;i++)
     {
        scanf("%d",&x);
        a[x]=1;
     }
     for(i=1;i<=1000;i++)
     {
        if(a[i]) sum++;
     }
     printf("%d\n",sum);
     for(i=1;i<=1000;i++)
     {
        if(a[i]) printf("%d ",i);
     }
     return 0;
}
```

定义数组 a 作为桶，a 的大小要稍大于数值范围（int a[1005];）

“去重”，标志这个数值是否出现过（a[x]=1;）

枚举桶数组（for(i=1;i<=1000;i++)）

输出“去重”后数值的个数 sum

输出从大到小排序的结果

例 53.3　输出出现次数最多的数

题目描述　从键盘读入 n（$n \leqslant 100$）个 1 ～ 10 之间的整数，找出出现次数最多的数，本题的数据确保出现次数最多的数只有一个。

输入：输入有两行：第一行输入一个整数 *n*；第二行输入 *n* 个整数，中间用空格隔开。

输出：输出出现次数最多的数。

样例输入：10

4 5 3 2 6 1 2 9 2 8

样例输出：2

程序代码

```
#include <iostream>
using namespace std;
int a[15];
int main()
{
     int n,i,x,maxx=0,id;
     cin>>n;
     for(i=1;i<=n;i++)
     {
        cin>>x;
        a[x]++;
     }
     for(i=1;i<=10;i++)
     {
        if(a[i]>maxx)
        {
              maxx=a[i];
              id=i;
        }
     }
     cout<<id;
     return 0;
}
```

放桶

枚举桶

通过打擂台的方式找到最大值

保存最大值所在的下标

将出现次数最多的数赋值给 id

Tips

（1）桶排序不基于数据之间的比较，而是通过映射来统计各个数据是否出现及出现的次数。

（2）利用桶的原理可以进行分类统计及去重。

（3）桶的大小与数据的个数无关，是根据数值的范围来确定的。

作业 97　输出每个数出现的次数

题目描述　从键盘读入 n（$n \leqslant 100$）个 1 ～ 10 之间的整数，从小到大输出每个出现过的数并统计出每个数出现的次数。

输入： 输入有两行：第一行输入一个整数 n；第二行输入 n 个整数，中间用空格隔开。

输出： 输出若干行，每行输出两个数，分别表示排序好的数及这个数出现的次数，中间用空格隔开。

样例输入：
```
5
1 2 3 3 5
```

样例输出：
```
1 1
2 1
3 2
5 1
```

参考代码

```
#include <iostream>
using namespace std;
int a[12];
int main()
```

```
{
    int n,i,x;
    cin>>n;
    for(i=1;i<=n;i++)
    {
       cin>>x;
       a[x]++;
    }
    for(i=1;i<=10;i++)
    {
       if(a[i]) cout<<i<<" "<<a[i]<<endl;
    }
    return 0;
}
```

作业 98 数页码

题目描述 假设一本书有 n 页，页码从 1 开始。找出全部页码中，出现了多少个 0，1，2，…，9。

输入：输入一个正整数 n（$n \leqslant 10000$），表示总页码。

输出：输出有十行。每行输出一个数，分别表示要找的数字在页码中出现的个数。

样例输入： 11

样例输出：

```
1
4
1
1
1
1
1
1
1
1
```

参考代码

```
#include <iostream>
using namespace std;
int a[12];
int main()
{
    int n,i,x;
    cin>>n;
    for(i=1;i<=n;i++)
    {
        x=i;
        while(x)
        {
            a[x%10]++;
            x/=10;
        }
    }
    for(i=0;i<=9;i++)
    {
        cout<<a[i]<<endl;
    }
    return 0;
}
```

第五十四课 STL 排序

学习内容

✧ 利用 STL 中的 sort() 函数进行排序

算 法

STL（Standard Template Library），标准模板库，是 C++ 中一个非常好用的程序集，包括算法和容器，可以把它想象为一些工具，只要按照它规定的方法来使用即可。STL 算法库中的 sort() 函数非常实用。

sort() 函数用于对数组元素按照一定的规则排序，其时间复杂度为 $O(n\log n)$。

使用 sort() 函数，首先要包含头文件 #include <algorithm>。

sort() 函数的格式：`sort(起始地址，结束地址);`

示例：将元素放入整型数组 a，对其进行排序，示例代码如下。

从下标 0 开始存放：`sort(a,a+n);        //n 个元素排序`

从下标 1 开始存放：`sort(a+1,a+1+n); //n 个元素排序`

sort() 函数默认的排序规则是从小到大，如果要从大到小排序，要增加一个比较器，并指定排序规则，示例代码如下。

```
bool cmp(int x,int y) //cmp 是比较器，在 cmp() 函数中，定义 x，y 两个参数
{
    return x>y;     // 表示前面的元素大于后面的元素，即排序规则为从大到小
}
sort(a+1,a+1+n,cmp);
```

例 54.1 sort 排序练习

题目描述　从键盘读入 n（n<1000）个整数，将它们按从大到小的顺序输出。

输入： 输入有两行：第一行输入一个整数 n；第二行输入 n 个整数，中间用空格隔开。整数在 0 ～ 10 000 范围内。

输出： 输出从大到小排序的结果，中间用空格隔开。

样例输入： 10

1 3 5 7 9 2 4 6 8 10

样例输出： 10 9 8 7 6 5 4 3 2 1

程序代码

```
#include <iostream>
#include <algorithm>                    // 调用 sort() 函数
using namespace std;
int a[1010];                            // 定义 int 类型数组 a
bool cmp(int x,int y)
{
    return x>y;                         // 指定排序规则为降序
}
int main()
{
    int n,i;
    cin>>n;
    for(i=1;i<=n;i++) cin>>a[i];        // 读入数据时从下标 1 开始存放
    sort(a+1,a+1+n,cmp);                // 确认排序的起始地址和结束地址
    for(i=1;i<=n;i++) cout<<a[i]<<" ";
    return 0;
}
```

Tips

（1）例 54.1 的例子对于其他基本类型数组如 double，char 等也适用。如果在程序中设置比较器，注意比较器的两个参数的类型要与数组的类型相同，例如，cmp(double x, double y)，cmp(char x, char y) 等。

（2）如果要对一个 string 类字符串的内部字符进行排序，方式会有所不同，例如，一个 string 类字符串 s= "goodbye"，对串内的字符按字典序从小到大排序的结果是 "bedgooy"，错误示例代码如下。

```
sort(s,s+s.size());
```

对于 string 类字符串，符号 "+" 不是 "相加" 的意思，而是 "连接"，正确示例代码如下。

```
sort(s.begin(), s.end());
```

例 54.2 输出中位数

题目描述 中位数是按顺序排列的一组数据中居于中间位置的数，如果有偶数个元素，那么中位数就是最中间两个数的平均数。

输入： 输入有两行：第一行输入一个整数 n（$n \leqslant 100$），表示有 n 个数；第二行输入 n 个数的值。

输出： 输出中位数，结果保留一位小数。

样例输入： 4
5 8 2 9

样例输出： 6.5

程序代码

```
#include <iostream>
#include <cstdio>
```

```
#include <algorithm>
using namespace std;
int a[105];
int main()
{
    int n,i;
    cin>>n;
    for(i=1;i<=n;i++) cin>>a[i];
    sort(a+1,a+1+n);
    if(n%2)
    {
       printf("%.1lf",a[n/2+1]*1.0);
    }
    else
    {
       printf("%.1lf",(a[n/2]+a[n/2+1])/2.0);
    }
    return 0;
}
```

指定排序规则为升序

对 n 进行奇偶判断

如果 n 为奇数，则 a[n/2+1] 就是中位数

如果 n 为偶数，则中间的两个数为 a[n/2] 和 a[n/2+1]，对这两个数取平均值，结果保留一位小数

作业 99　输出第 k 大的数

题目描述　n 个小朋友一起做游戏。每个小朋友在自己的硬纸板上写一个数并同时举起硬纸板。接着，老师提一个问题：在这 n 个数中，第 k 大的数是多少？你能快速答出来吗？

输入： 第一行输入两个整数，依次为 n 和 k（$k \leqslant n \leqslant 1000$）；接着输入 n 行，每行一个整数，表示从第一个到第 n 个小朋友分别写的数。

数值范围：-32768 ～ 32767。

输出： 输出第 k 大的数。

样例输入：
```
4 3
1
2
2
4
```

样例输出： 2

参考代码

```
#include <iostream>
#include <algorithm>
using namespace std;
int a[1005];
bool cmp(int x,int y)        // 定义 x，y 两个参数
{
    return x>y;              // 指定排序规则为降序
}
int main()
{
    int n,i,k;
    cin>>n>>k;
    for(i=1;i<=n;i++) cin>>a[i];
    sort(a+1,a+1+n,cmp);
    cout<<a[k];
    return 0;
}
```

作业 100 粉碎数字

题目描述 从键盘读入 n 个数，把这 n 个数粉碎重组，求能组成的最大数。粉碎数字的定义：把数字完全打散，例如，有两个数 198 和 63，那么粉碎后的数字为 1，9，8，6，3，能够组成的最大数就是 98631。

输入： 输入有两行：第一行输入一个整数 *n*（*n* 是 1 ~ 1000 之间的整数）；第二行输入 *n* 个整数（每个整数都是 0 ~ 9999 之间的整数）。

输出： 输出 *n* 粉碎后组成的最大整数。

样例输入： 8
1 89 654 750 4687 23 90 100

样例输出： 99887766554432110000

参考代码

```
#include <iostream>
#include <algorithm>
using namespace std;
int a[1005],b[5005];
bool cmp(int x,int y)
{
    return x>y;
}
int main()
{
    int n,i,x,m=0;
    cin>>n;
    for(i=1;i<=n;i++) cin>>a[i];
    for(i=1;i<=n;i++)
    {
      x=a[i];
      while(x)
      {
          m++;
          b[m]=x%10;
          x/=10;
      }
    }
    sort(b+1,b+1+m,cmp);
    for(i=1;i<=m;i++) cout<<b[i];
    return 0;
}
```

第五十五课 结构体排序

学习内容

✧ 使用 sort() 函数对结构体数组进行排序

算 法

STL 的 sort() 函数能对结构体数组进行排序。结构体不能比较大小，可以通过比较结构体中某个成员的大小来实现排序。

用 sort() 函数对结构体数组排序时必须使用比较器，按照题目要求编写比较器是结构体排序最关键的步骤。比较器两个参数的类型，必须与结构体数组的类型相同。

例 55.1 将成绩排序

题目描述 从键盘读入某课程的成绩单，将成绩按从高到低的顺序排序并输出，如果分数相同则按姓名排序，字典序小的在前面。

输入： 第一行输入 n（$0<n<20$），表示参加考试的人数。接下来输入 n 行，每行包含一个学生的姓名和成绩，中间用空格隔开。名字只包含字母且长度不超过 20，成绩为一个不大于 100 的非负整数。

输出： 把成绩单按分数从高到低的顺序排序并输出，每行包含名字和成绩两项，中间用空格隔开。

样例输入： 4
Kitty 80
Hanmeimei 90
Joey 92
Tim 28

样例输出： Joey 92
Hanmeimei 90
Kitty 80
Tim 28

程序代码

```
#include <iostream>
#include <string>
#include <algorithm>
using namespace std;
struct stu{
    string name;
    int score;
};
stu a[25];
bool cmp(stu x,stu y)
{
    if(x.score==y.score) return x.name<y.name;
    else return x.score>y.score;
}
int main()
{
    int n,i;
    cin>>n;
    for(i=1;i<=n;i++)
    {
      cin>>a[i].name>>a[i].score;
    }
```

- struct stu{ ：定义结构体 stu，有两个成员：string name 和 int score
- stu a[25]; ：定义结构体数组 a
- if(x.score==y.score) return x.name<y.name; ：如果分数相同则按姓名（字典序）排序
- else return x.score>y.score; ：如果分数不同，则以分数从高到低排序

```
    sort(a+1,a+1+n,cmp);
    for(i=1;i<=n;i++) cout<<a[i].name<<" "<<a[i].score<<endl;
    return 0;
}
```

例 55.2 发奖学金

题目描述 某小学决定给学习成绩前五名的学生发奖学金。考试科目：语文、数学、英语。先按总分从高到低排序；如果总分相同，再按语文成绩从高到低排序，如果总分和语文成绩都相同，则规定学号小的学生排在前面。

输入： 第一行输入一个正整数 n（$n<300$），表示该校参加评选的学生人数。接着输入 n 行，每行输入三个用空格隔开的数字，三个数字依次表示学生的语文、数学、英语的成绩，数字范围：0 ～ 100。每个学生的学号按照输入顺序编号为 1 ～ n。

输出： 输出有五行：每行输出两个用空格隔开的正整数，依次表示前五名学生的学号和总分。

样例输入：
```
8
80 89 89
88 98 78
90 67 80
87 66 91
78 89 91
88 99 77
67 89 64
78 89 98
```

样例输出：
```
8 265
2 264
6 264
1 258
5 258
```

程序代码

```
#include <iostream>
#include <cstdio>
#include <algorithm>
using namespace std;
struct stu{
    int zong,yuwen,num;
};
stu a[310];
bool cmp(stu x,stu y)
{
    if(x.zong==y.zong)
    {
       if(x.yuwen==y.yuwen)
       {
            return x.num<y.num;
       }
       else return x.yuwen>y.yuwen;
    }
    else return x.zong>y.zong;
}
int main()
{
    int n,i,y,s,w;
    cin>>n;
    for(i=1;i<=n;i++)
    {
```

定义三个变量用于排序，其优先级为总分 > 语文 > 学号

判断总分是否相同

判断语文成绩是否相同

按学号排序

按语文成绩排序

按总分排序

```
        cin>>y>>s>>w;
        a[i].zong=y+s+w;
        a[i].yuwen=y;
        a[i].num=i;
    }
    sort(a+1,a+1+n,cmp);
     for(i=1;i<=5;i++)
        printf("%d %d\n",a[i].num,a[i].zong);
    return 0;
}
```

累加总分

语文

学号

Tips

（1）结构体数组的排序，必须以结构体的成员作为排序规则。

（2）结构体排序必须使用比较器，比较器中的两个参数必须与结构体数组的数据类型相同。

作业 101 将姓名排序

题目描述 从键盘读入 n 个学生的学号、姓名，按照姓名长度降序排序；若姓名长度相同，按姓名字典码降序排序；若姓名长度和字典码都相同，按学号降序排序。每个学生的学号是唯一的。

输入： 第一行输入一个整数 n（$n \leq 100$）。接下来输入 n 行，每行输入两个用空格隔开的信息，先输入一个整数表示学号（学号 $\leq$ 1000），再输入一个不带空格的字符串表示同学的姓名。

输出： 输出排序结果，每行输出一名学生的学号和姓名，中间用空格隔开。

样例输入: 5
1 zhangsan
2 lisi
4 wanger
5 wanger
3 zhaowu

样例输出: 1 zhangsan
3 zhaowu
5 wanger
4 wanger
2 lisi

参考代码

```
#include <iostream>
#include <string>
#include <algorithm>
using namespace std;
struct stu{
    int index;
    string name;
};
stu a[105];
bool cmp(stu x,stu y)
{
    if(x.name.size()==y.name.size())
    {
       if(x.name==y.name)
             return x.index>y.index;
       else return x.name>y.name;
    }
```

```
    else return x.name.size()>y.name.size();
}
int main()
{
    int n,i;
    cin>>n;
    for(i=1;i<=n;i++)
    {
       cin>>a[i].index>>a[i].name;
    }
    sort(a+1,a+1+n,cmp);
    for(i=1;i<=n;i++) cout<<a[i].index<<" "<<a[i].name<<endl;
    return 0;
}
```

作业 102 遥控飞机争夺赛

题目描述 遥控飞机大赛拉开帷幕。比赛规则：每位选手遥控自己的飞机从起点到终点飞行五次，组委会记录五次飞行的成绩，去掉一个最高成绩和一个最低成绩后，计算剩余三个成绩的平均值作为该选手的最终成绩。有 n 名选手参加了比赛，从键盘读入每位选手的编号，以及五次飞行的成绩。请根据 n 名选手的比赛成绩，输出冠军、亚军、季军的编号及组委会计算出的成绩。（假设选手们的成绩都不一样）

输入： 第一行输入一个整数 n（$4 \leqslant n \leqslant 100$），表示参赛选手的数量；接着输入 n 行，每行包括六个数，第一个数是选手的编号，后五个数是选手五次飞行的成绩。

输出： 输出有三行：第一行输出冠军的编号及飞行成绩；第二行输出亚军的编号及飞行成绩；第三行输出季军的编号及飞行成绩。成绩保留三位小数，编号与成绩中间用空格隔开。

样例输入： 4

11 58 59 60 61 62

18 59 60 61 62 63

23 65 64 63 62 62

10 60 61 61 65 62

样例输出： 23 63.000

10 61.333

18 61.000

参考代码

```
#include <iostream>
#include <iomanip>
#include <algorithm>
using namespace std;
struct stu{
    int num,score;
};
stu k[105];
bool cmp(stu x,stu y)
{
    return x.score>y.score;
}
int main()
```

```
{
    int n,i,a,b,c,d,e;
    cin>>n;
    for(i=1;i<=n;i++)
    {
       int sum=0;
       cin>>k[i].num;
       cin>>a>>b>>c>>d>>e;
       sum=a+b+c+d+e;
       sum-=max(a,max(b,max(c,max(d,e))));
       sum-=min(a,min(b,min(c,min(d,e))));
       k[i].score=sum;
    }
    sort(k+1,k+1+n,cmp);
    for(i=1;i<=3;i++)
    {
       cout<<k[i].num<<" ";
       cout<<fixed<<setprecision(3)<<k[i].score/3.0<<endl;
    }
    return 0;
}
```

第五十六课 二分查找

学习内容

✧ 二分查找的基本模型

算　法

1. 二分查找的定义

二分查找（Binary Search），也称折半查找，是一种在有序的线性序列中查找特定值的算法。使用二分查找的目的是解决时间复杂度的问题，使查找过程更快，其时间复杂度为 $O(\log n)$。

“猜数”游戏：用尽量少的次数猜出一个 1 ～ 100 之间的数，如果没猜对，会得到“小了”或“大了”的信息，然后继续猜。

二分查找的思路，是从中位数 50 开始猜，如果大了，则把范围缩小到 1 ～ 49，然后再从中位数 25 开始猜；如果小了，则把在范围放在 51 到 100 之间，从 75 开始猜，以此类推，每次查找的区间都被折半，可以发现，最多七次就可以找到任意一个数。

2. 二分查找的使用情况

使用二分查找的基本模型可以解决以下问题。

（1）在无重复元素的有序序列中，查找指定值所在的位置。

（2）判断有序序列中是否存在指定的值。

3. 二分查找的基本模型

二分查找的基本模型如下。

```
int BS(int left,int right, int v)
{
   while(left<=right)
```

返回 v 在数组 a 的区间 left 到 right 中的位置

```
{
    int mid=(left+right)/2;
    if(a[mid]==v) return mid;
    else if(a[mid]>v) right=mid-1;
    else left=mid+1;
}
return -1;
}
```

注释：
- 二分点
- 如果找到 v，则返回 mid
- 如果 a[mid] 大，则调整为左区间
- 如果 a[mid] 小，则调整为右区间
- 如果找不到 v，则返回 -1

二分查找的递归模型如下。

```
int BS(int left,int right,int v)
{
    if(left>right) return -1;
    int mid=(left+right)/2;
    if(a[mid]==v) return mid;
    else if(a[mid]>v) return BS(left,mid-1,v);
    else return BS(mid+1,right,v);
}
```

注释：
- 返回 v 在数组 a 的区间 left 到 right 中的位置
- 如果 left>right，则意味着找不到 v，返回 -1
- 二分点
- 如果找到 v，则返回 mid
- 如果 a[mid] 大，则递归左区间
- 如果 a[mid] 小，则递归右区间

例 56.1 二分查找算法练习

题目描述 请在一个有序递增数组（不存在相同元素）中，采用二分查找，找出 x 的位置，如果 x 不存在，则输出 -1。

输入： 输入有三行：第一行输入一个整数 n（$n \leqslant 10^6$），表示数组元素的个数；第二行输入 n 个数，表示数组的 n 个递增元素（$1 \leqslant$ 数组元素值 $\leqslant 10^8$）；第三行输入一个整数 x，表示要查找的数（$0 \leqslant x \leqslant 10^8$）。

输出：输出 *x* 在数组中的位置或者 -1。

编程思路

（1）定义变量 left 和 right 分别存放数组首尾元素的下标，定义变量 mid 存放中间元素的下标。

（2）如果 `a[mid]==v`，则 mid 就是找到的位置。否则，如果 `a[mid]>v`，说明要找的数在左区间，调整 right 的值：`right=mid-1`；如果 `a[mid]<v`，说明要找的数在右区间，调整 `left` 的值：`left=mid+1`。

（3）循环条件为 `left<=right`。如果循环结束时还没有输出 mid，说明未找到，则输出 -1。

下面模拟二分查找的过程。假设有 10 个数：3 5 8 9 12 15 17 20 33 56，查找 33 所在的位置。

第一次：left=1，right=10，mid=(1+10)/2=5，如图 8-4 所示。 a[mid]=12，小于要找的数 33，所以要把 left 调整到 6。

left=1　　mid=5　　right=10

下标	1	2	3	4	5	6	7	8	9	10
元素	3	5	8	9	12	15	17	20	33	56

图 8-4　二分查找的第一步

第二次：left=6，right=10，mid=(6+10)/2=8，如图 8-5 所示。a[mid]=20，小于要找的数 33，所以要把 left 调整到 9。

left=6　　mid=8　　right=10

下标	1	2	3	4	5	6	7	8	9	10
元素	3	5	8	9	12	15	17	20	33	56

图 8-5　二分查找的第二步

第三次：left=9，right=10，mid=(9+10)/2=9，如图 8-6 所示。此时 a[mid]=33，刚好是要找的数，此时 mid 就是要找的位置。

left=9　right=10

下标	1	2	3	4	5	6	7	8	9	10
元素	3	5	8	9	12	15	17	20	33	56

mid=9

图 8-6　二分查找的第二步

如果要查找的是 56，则还须进行一次循环，此时 left 和 right 都是 10 了，也就是说，当 left=right 时，还有最后一次判断的机会。

样例输入： 10

1 3 5 7 9 11 13 15 17 19

19

样例输出： 10

程序代码

```
#include <iostream>
#include <cstdio>
#include <algorithm>
using namespace std;
int a[1000010];
int bs(int left,int right,int v)
{
    int mid;
    while(left<=right)
```

返回 v 在数组 a 的区间 left 到 right 中的位置

```
    {
        mid=(left+right)/2;
        if(a[mid]==v) return mid;          // 如果找到 v，则返回下标
        if(a[mid]>v) right=mid-1;
        else left=mid+1;
    }
    return -1;                             // 如果没找到 v，则输出 -1
}
int main()
{
    int n,i,x;
    cin>>n;
    for(i=1;i<=n;i++)
    {
        scanf("%d",&a[i]);
    }
    cin>>x;
    cout<<bs(1,n,x);                       // 从 a 数组 1 ~ n 中，找 x 所在的下标
    return 0;
}
```

例 56.2 输出同时出现的数

题目描述　从键盘读入两组数字，第二组数中的一些数也会在第一组数中出现，请找出这些数并按从小到大的顺序输出。例如，第一组数字：8 7 9 8 2 6 3，第二组数字：9 6 8 3 3 2 10，输出：2 3 3 6 8 9。

输入： 输入有三行：第一行输入两个整数 n 和 m，分别表示两个组数字的数量；第二行输入 n 个正整数，即第一组数；第三行输入 m 个正整数，即第二组数。对于 60% 的数据，$1 \leqslant n \leqslant 1000$，$1 \leqslant m \leqslant 1000$，每个整数都小于 2×10^9；对于 100% 的数据 $1 \leqslant n \leqslant 100\,000$，$1 \leqslant m \leqslant 100\,000$，每个数都小于 2×10^9。

输出： 按照要求输出同时出现的数，中间用空格隔开。

样例输入： 7 7
8 7 9 8 2 6 3
9 6 8 3 3 2 10

样例输出： 2 3 3 6 8 9

程序代码

```
#include <iostream>
#include <cstdio>
#include <algorithm>
using namespace std;
int a[100010],b[100010];
bool bs(int left,int right,int v)
{
    while(left<=right)
    {
      int mid=(left+right)/2;
      if(a[mid]==v) return true;
      else if(a[mid]>v) right=mid-1;
      else if(a[mid]<v) left=mid+1;
```

bs() 是二分查找函数

找到 v

```
    }
    return false;                    //没有找到 v
}
int main()
{
    int n,m,i;
    cin>>n>>m;
    for(i=1;i<=n;i++) cin>>a[i];
    for(i=1;i<=m;i++) cin>>b[i];
    sort(a+1,a+1+n);                 //将 a 数组元素从大到小排序
    sort(b+1,b+1+m);                 //将 b 数组元素从大到小排序
    for(i=1;i<=m;i++)                //枚举 b 数组，判断其是否在 a 数组中出现
    {
       if(bs(1,n,b[i])) cout<<b[i]<<" ";   //如果在 a 数组中找到 b 数组中的元素，则输出并用空格隔开
    }
    return 0;
}
```

注意

从题目的数据规模可知，n，m 最大时，如果用顺序查找，时间复杂度 $O(n^2)$ 肯定会超时，所以要用二分查找，时间复杂度为 $O(n\log n)$，可以通过。

Tips

（1）使用二分查找的前提是有序的线性结构。

（2）在这个基本模型中，循环条件是“`left<=right`”，而不是“`left<right`”。

（3）二分点的计算式为“`mid=(left+right)/2`”，当 left 和 right 都很大时，相加可能溢出，可以用“`mid=left+(right-left)/2`”防止溢出。

（4）如果序列中有多个与查找值相同的元素，意味着出现的位置会有多个，不能简单地使用二分查找的基本模型。

（5）二分查找的基本模型也可以判断查找值是否在数组中出现。

作业 103 判断数是否存在于数组中

题目描述 从键盘读入一个 n 个数的数组，再给出 m 次询问，每次询问一个整数 x 在数组中是否存在，如果存在则输出 yes，否则输出 no。

输入： 输入有四行：第一行输入一个整数 n（$5 \leqslant n \leqslant 10^5$）；第二行输入 n 个整数，中间用空格隔开；第三行输入一个整数 m（$5 \leqslant m \leqslant 10^5$）；第四行输入 m 个整数，中间用空格隔开。

输出： 共有 m 次查询，输出每次查询的结果（yes/no），中间用空格隔开。

样例输入： 5

1 3 2 1 6

5

2 8 1 9 6

样例输出： yes no yes no yes

参考代码

```
#include <iostream>
#include <cstdio>
#include <algorithm>
using namespace std;
int a[100010];
```

```
bool BS(int left,int right,int v)
{
    int mid;
    while(left<=right)
    {
      mid=(left+right)/2;
      if(a[mid]==v) return true;
      else if(a[mid]>v) right=mid-1;
      else left=mid+1;
    }
    return false;
}
int main()
{
    int n,m,i,x;
    cin>>n;
    for(i=1;i<=n;i++) scanf("%d",&a[i]);
    sort(a+1,a+1+n);
    cin>>m;
    for(i=1;i<=m;i++)
    {
      scanf("%d",&x);
      if(BS(1,n,x)) printf("yes ");
      else printf("no ");
    }
    return 0;
}
```

作业 104 输出数字的位置

题目描述 从键盘读入一个 n 个数的数组（保证 n 个数互不相同），给出 m 次询问，每次询问一个整数 x 在数组中出现的位置，如果出现则输出该数在数组中的位置，如果没有出现则输出 0。

输入： 第一行输入一个整数 n（$5 \leqslant n \leqslant 10^5$）；第二行输入 n 个整数，中间用空格隔开；第三行输入一个整数 m（$5 \leqslant m \leqslant 10^5$）；接下来输入 m 行，每行有一个整数。

输出： 输出 m 行，每行输出 x 在数组中的位置，如果该数没有出现则输出 0。

样例输入：

```
5
1 5 2 4 6
5
5
1
8
9
0
```

样例输出：

```
2
1
0
0
0
```

注意

当第四行输入“5”后，单击回车键，程序会立刻判断 5 在数组中的位置，再单击回车键，输入“1”即可。

参考代码

```
#include <iostream>
#include <cstdio>
#include <algorithm>
using namespace std;
```

```
struct num{
    int zhi,xu;
};
num a[100005];
int bs(int left,int right,int v)
{
    int mid;
    while(left<=right)
    {
       mid=(left+right)/2;
       if(a[mid].zhi==v) return a[mid].xu;
       else if(a[mid].zhi>v) right=mid-1;
       else left=mid+1;
    }
     return 0;
}
bool cmp(num x,num y)
{
    return x.zhi<y.zhi;
}
int main()
{
    int n,m,i,j,z=0,x,y;
    cin>>n;
    for(i=1;i<=n;i++)
    {
       scanf("%d",&x);
```

```
        a[i].zhi=x;
        a[i].xu=i;
    }
    sort(a+1,a+1+n,cmp);
    cin>>m;
    for(j=1;j<=m;j++)
    {
        scanf("%d",&y);
        if(y>a[n].zhi || y<a[1].zhi) printf("0\n");
        else
        {
                z=bs(1,n,y);
                printf("%d\n",z);
        }
    }
    return 0;
}
```

附录 A：常见的编译错误信息及解决方法

如果编译时出现较多的错误，先解决首个“error”错误信息，解决后立即重新编译，如果还有错误则继续解决下一个“error”。有时后面的错误是由前面的错误引起的，解决了前面，后面可能就不会报错了。常见的编译错误如下。

1. 变量未定义

提示：[Error] 'c' was not declared in this scope

提示变量 c 没有定义，错误代码如下。

```
#include <iostream>
using namespace std;
int main()
{
    int a,b;
    cin>>a>>b;
    c=a+b;
    cout<<c<<endl;
    return 0;
}
```

2. 缺少头文件

提示：[Error] 'setprecision' was not declared in this scope

有时函数没有编写错误，而是缺少相应的头文件，编译器还是会提示“未定义”，例如，缺少了调用 setprecision 的头文件 <iomanip>，错误代码如下。

```
#include <iostream>
using namespace std;
int main()
{
    double a,b;
    cin>>a>>b;
    cout<<fixed<<setprecision(2)<<a/b<<endl;
    return 0;
}
```

3. 漏写了分号“;”

提示：[Error] expected ';' before 'cout'

提示在 cout 语句前面的一条语句少了一个分号“;”，错误代码如下。

```
using namespace std;
int main()
{
    int a,b;
    cin>>a>>b
    cout<<a+b<<endl;
    return 0;
}
```

4. 使用了中文字符

提示：[Error] stray '\273' in program

使用了中文字符，例如，在结尾的分号使用了中文的分号，会出现三个“error”，其实都是一个原因引起的，所以将分号修改为英文后就可以了，示例代码如下。

```
#include <iostream>
using namespace std;
int main()
{
    int a,b;
    cin>>a>>b;
    cout<<a+b<<endl;
    return 0;
}
```

5. 上一个运行未关闭

提示：[Error] ld returned 1 exit status

运行代码后，在还未退出运行窗口时，又重新修改并编译代码，则会出现此提示。这不表示代码语法有错误，将上一个运行窗口关闭后重新编译即可。

附录 B：程序调试技巧（Debug）

代码编写中的语法错误在编译过程中会有修改提示，但编译器无法识别代码的逻辑错误，有时编写的程序甚至题目样例都无法通过，随着代码规模的增加，仅凭观察代码也很难发现问题，这时就可以利用 Dev C++ 的调试（Debug）功能来找语法错误。

调试的原理是通过设置断点和单步执行，观察变量的变化和程序的走向，分析代码出现错误的地方，方法如下。

1. 设置断点

首先编译代码，单击行号，会出现一个红条，表示断点的位置。通常断点设置在数据读入之后，如图 B-1 所示。

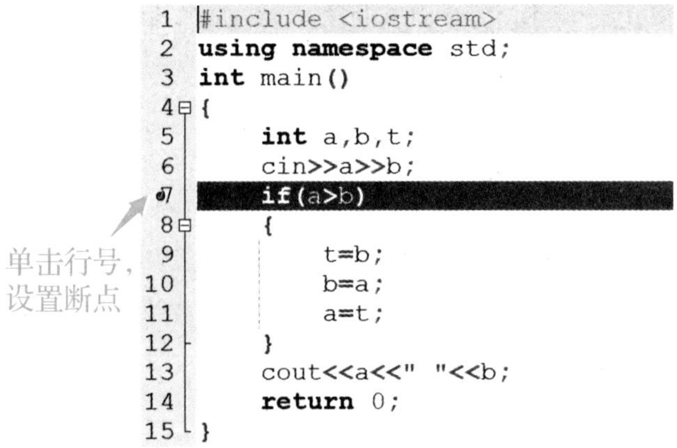

图 B-1　设置断点

2. 开始调试

单击调试按钮，会出现运行窗口，开始调试，可在运行窗口输入样例，如图 B-2 所示。

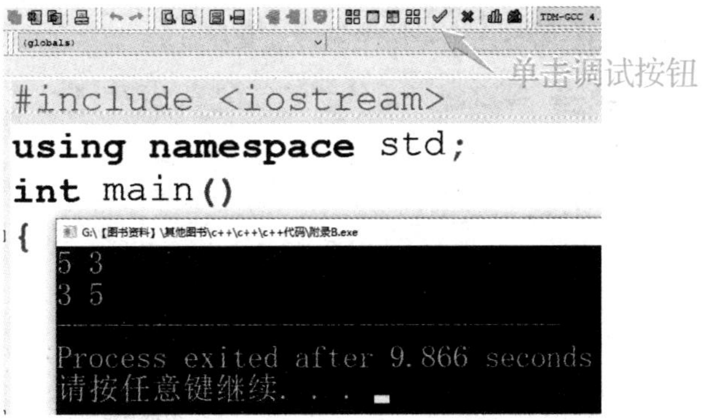

图 B-2 单击调试按钮

3. 添加查看变量

输入样例运行程序后，之前的红条会变成蓝条。单击“添加查看”按钮，在弹出的小窗口中输入变量名“a”，如图 B-3 所示。

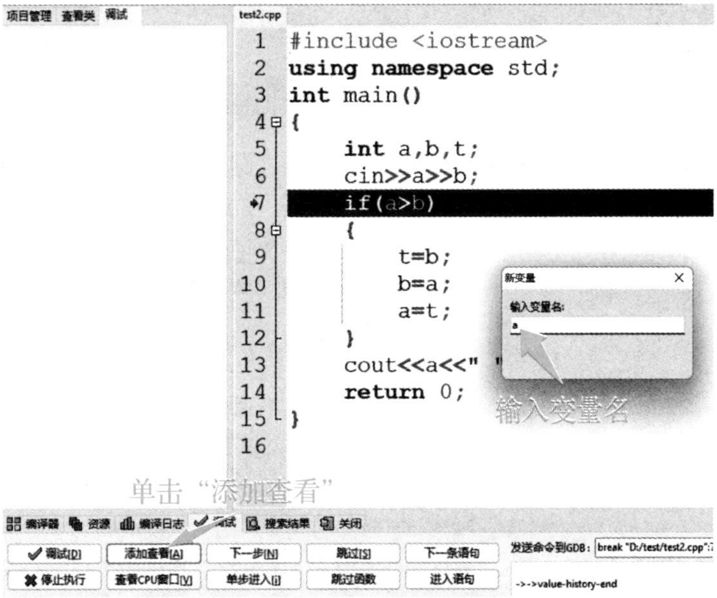

图 B-3 添加查看变量

变量的值会显示在左边显示区域中，如图 B-4 所示。

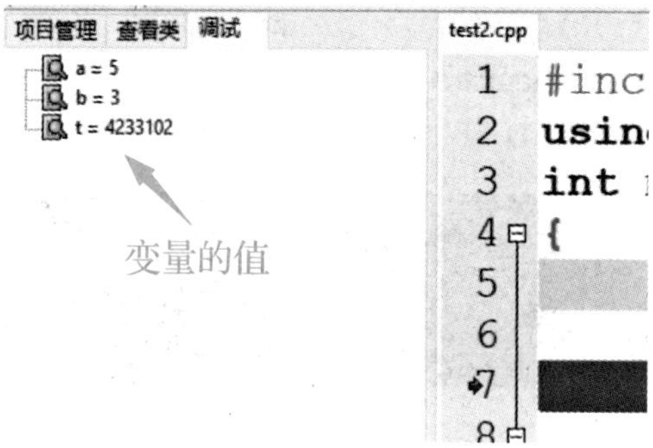

图 B-4　显示变量

4. 单步调试

单击“下一步”按钮，进行单步调试，每执行一条语句，蓝条就会移动到相应的位置，同时可以观察变量的变化，以此观察程序的走向和变量变化是否符合设想，从而找出程序错误的地方，如图 B-5 所示。

5. 运行下一个断点

如果不用单步调试，可以设置多个断点。单击“跳过”按钮，直接运行到下一个断点，如图 B-5 所示。

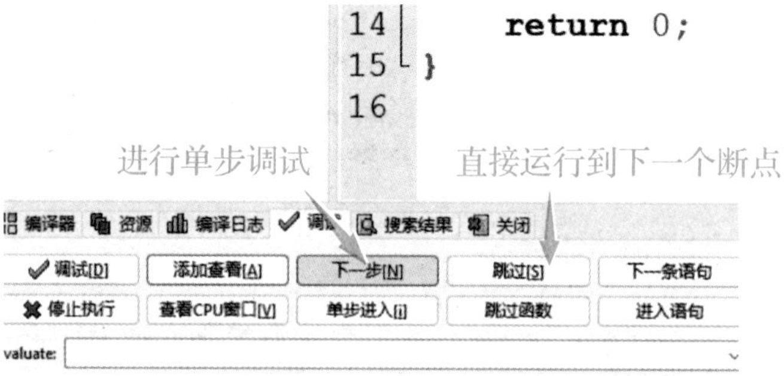

图 B-5　单步调试

附录 C：运算符汇总

<table>
<tr><th>优先级</th><th>操作符</th><th>功　能</th><th>结合性</th><th>优先级</th><th>操作符</th><th>功　能</th><th>结合性</th></tr>
<tr><td rowspan="4">1</td><td>( )</td><td>改变优先级</td><td rowspan="4">从左至右</td><td rowspan="2">4</td><td>+</td><td>加法</td><td rowspan="12">从左至右</td></tr>
<tr><td>::</td><td>作用域运算符</td><td>-</td><td>减法</td></tr>
<tr><td>[ ]</td><td>数组下标</td><td rowspan="2">5</td><td><<</td><td>左移位</td></tr>
<tr><td>.，-></td><td>成员选择符</td><td>>></td><td>右移位</td></tr>
<tr><td rowspan="11">2</td><td>++</td><td>增 1 运算符</td><td rowspan="11">从右至左</td><td rowspan="4">6</td><td><</td><td>小于</td></tr>
<tr><td>--</td><td>减 1 运算符</td><td>=</td><td>小于或等于</td></tr>
<tr><td>&</td><td>取地址</td><td>></td><td>大于</td></tr>
<tr><td>*</td><td>取内容</td><td>>=</td><td>大于或等于</td></tr>
<tr><td>!</td><td>逻辑求反</td><td rowspan="2">7</td><td>==</td><td>相等</td></tr>
<tr><td>~</td><td>按位求反</td><td>!=</td><td>不等</td></tr>
<tr><td>+</td><td>取正数</td><td>8</td><td>&</td><td>按位与</td></tr>
<tr><td>-</td><td>取负数</td><td>9</td><td>^</td><td>按位异或</td></tr>
<tr><td>( )</td><td>强制类型转换</td><td>10</td><td>|</td><td>按位或</td></tr>
<tr><td>sizeof</td><td>取所占内存字节数</td><td>11</td><td>&&</td><td>逻辑与</td></tr>
<tr><td>new，delete</td><td>动态存储分配</td><td>12</td><td>||</td><td>逻辑或</td></tr>
<tr><td rowspan="3">3</td><td>*</td><td>乘法</td><td rowspan="3">从左至右</td><td>13</td><td>?:</td><td>条件运算符</td><td>从右至左</td></tr>
<tr><td>/</td><td>除法</td><td>14</td><td>=　+=　-=　*=
/=　%=　&=　^=
|=　<<=　>>=</td><td>赋值运算符</td><td>从右至左</td></tr>
<tr><td>%</td><td>取余</td><td>15</td><td>,</td><td>逗号运算符</td><td>从左至右</td></tr>
</table>

附录 D：关键字汇总

asm	do	if	return	typedef
auto	double	inline	short	typeid
bool	dynamic_cast	int	signed	typename
break	else	long	sizeof	union
case	enum	mutable	static	unsigned
catch	explicit	namespace	static_cast	using
char	export	new	struct	virtual
class	extern	operator	switch	void
const	false	private	template	volatile
const_cast	float	protected	this	wchar_t
continue	for	public	throw	while
default	friend	register	true	
delete	goto	reinterpret_cast	try	